MÉMOIRE

SUR

LA DÉFENSE DE LA FRANCE

PAR LES PLACES FORTES,

CONCURREMMENT AVEC L'ACTION DES ARMÉES.

MÉMOIRE

SUR

LA DÉFÈNSE DE LA FRANCE

PAR LES PLACES FORTES,

CONCURREMMENT AVEC L'ACTION DES ARMÉES.

> « Celui qui, aujourd'hui, démolirait les
> « fortifications des villes, ressemblerait à
> « celui qui aplanirait les montagnes et les
> « défilés pour ouvrir à l'ennemi un accès
> « plus facile dans son pays. »
>
> ARISTOTE.

PAR M. C. ***, OFFICIER SUPÉRIEUR.

A PARIS,

DE L'IMPRIMERIE DE P. DIDOT, L'AINÉ,

CHEVALIER DE L'ORDRE ROYAL DE SAINT-MICHEL,

IMPRIMEUR DU ROI.

AVANT-PROPOS.

Après les institutions législatives d'un état, rien de plus important que sa défense. Si les unes font la base de sa prospérité, l'autre garantit son existence, et ces deux points essentiels de l'établissement de toute société doivent être en tête de tout ce qui intéresse les individus qui la composent. La révolution a détruit les anciennes institutions qui formaient la constitution de la France, et établissaient sa défense. La marche irrésistible de l'esprit humain a, depuis vingt-cinq ans, amené parmi nous des idées, fait naître des habitudes qui ne pourraient plus s'associer aux institutions de l'ancienne monarchie.

En retournant sous ses anciens souverains, la France ne pouvait rentrer sous ses anciennes institutions ; celles nées de la révolution ou d'un régime entièrement constitué pour un but qui ne peut plus être le nôtre, ne peuvent non plus lui convenir sans modification. La France doit donc être regardée en quelque sorte comme un état qui se constitue de nouveau. Le premier œuvre de cette constitution nous a déja été donné par le Roi dans la Charte, base de l'association législative de tous les Français, première base aussi de la défense de la France ; car la législation d'un état, sa constitution organique le rend plus ou moins propre à seconder sa défense par les éléments de force morale et physique qu'il y puise. La législation des forces actives dans lesquelles réside plus particulièrement la défense de l'état, a été aussi l'objet des sollicitudes du Monarque ; c'est la loi du recrutement : maintenant c'est à donner à ces forces les points d'appui qui en assurent l'action, que doivent se diriger tous ses soins : ces points d'appui sont les places fortes.

Déja son excellence le ministre de la guerre a nommé une commission composée de généraux, tirés de toutes les armes, pour fixer l'organisation de notre système défensif par les places fortes. La France attend avec intérêt les résultats importants de cette réunion d'hommes conduits par le génie des sciences, l'amour de leur pays, et guidés par le flambeau d'une longue expérience. Mais déja des idées vagues ont été jetées dans le public ; elles ont été accueillies avec avidité, adoptées ou combattues suivant l'opinion ou l'intérêt de chacun ; et si cet empressement ne peut jeter quelque lumière sur une question aussi élevée, il prouve au moins que son importance est bien sentie, et qu'elle touche aux plus grands intérêts de la nation, son repos, son indépendance, le sentiment de sa force, lequel détermine son attitude politique.

Mais cet intérêt général peut produire un grand mal, comme il peut être la source d'un grand bien. Il produira un grand mal si le système défensif de la France est mal compris, si l'on se forme des idées fausses enfantées par l'intérêt particulier, accueillies par l'ignorance et promulguées par un esprit d'opposition qui résiste à tout, et s'attache principalement à ce qui semble sortir de la sphère habituelle des idées dans lesquelles on a vieilli. Il produira un grand bien, si la nation a une idée juste des moyens que l'on se propose d'employer pour sa défense. Alors, mais seulement alors, ses députés accorderont, sans résistance et avec connaissance de cause, les dépenses qui en assureront l'exécution. Le ministre de la guerre ne se verra pas exposé à des diminutions sur ses budgets, qui deviendraient fatales à la France; et la nation entière, par sa propre conviction, ira au-devant des sacrifices qu'on lui imposera pour l'exécution de projets qu'elle aura bien compris et sanctionnés elle-même par son opinion.

Il suit de là qu'il est utile, je dirai plus, qu'il est indispensable d'éclairer la nation sur l'importante question de sa défense, d'empêcher les fausses directions que pourrait prendre l'opinion publique à cet égard, de lui présenter les bases qui doivent servir à nous donner un bon système défensif, de lui en faire concevoir les principes, d'en populariser, pour ainsi dire, les idées, et les mettre à la portée du plus grand nombre. Ce ne sont point des conceptions qui doivent exclusivement se renfermer dans le domaine de la science; elles deviendront bientôt vulgaires, et seront comprises aussitôt qu'on les présentera aux esprits qui réfléchissent sur les grands intérêts de la France.

C'est sans doute dans cette intention que M. le lieutenant-général Sainte-Susanne vient (1) de présenter, dans une brochure, *un projet de changement à opérer dans le système des places fortes, pour les rendre véritablement utiles à la defense de la France.* Il existe dans cet écrit des idées sur l'organisation des forces actives qui se recommandent à l'attention du gouvernement. Quant au système de défense par les places fortes, la question ne m'y paraît pas

(1) Ce mémoire a été écrit peu de temps après la publication de la brochure de M. le lieutenant-général Sainte-Susanne; mais des circonstances particulières en ont retardé jusqu'à ce moment la publication.

traitée de manière à en rendre les principes accessibles au plus grand nombre. On y franchit trop brusquement l'espace qui sépare l'exposé de la question de sa solution; celle-ci ne paraît plus alors appuyée que sur le vague; elle ne porte pas avec elle la conviction de son évidence, et cette conviction ne peut plus s'établir que sur la réputation de l'auteur. D'ailleurs, il me semble, et je le ferai voir, que le système de M. le général Sainte-Susanne pèche essentiellement dans le résultat par l'immense intervalle qu'il met entre ses places fortes.

Je hasarderai donc de traiter la même question, mais ce sera par une analyse raisonnée que j'en déduirai la solution. J'examinerai l'attaque dans le système actuel de guerre, et les changements qu'elle doit nécessiter dans la défense. Je ferai voir que c'est dans leurs relations avec les armées agissant au-dehors que réside la plus importante propriété des places fortes. J'essaierai de présenter quelques principes essentiels sur ces relations ; enfin, éclairé par la théorie, fortifié par l'expérience, je hasarderai d'indiquer les points qui nous paraissent devoir être fortifiés pour appuyer la défense de la France par les armées, sans en fixer cependant la position d'une manière absolue, laquelle ne peut être arrêtée que d'après des connaissances détaillées sur chaque localité.

M. le général Sainte-Susanne manifeste, dans son ouvrage, la crainte de passer pour novateur dans *l'art fortifiant*. Je crois devoir rassurer M. le général ; il ne dit rien en fortification qui ne soit parfaitement connu des ingénieurs. Bousmard n'a pas plus été novateur dans l'attaque des places, comme le prétend M. le général, que lui-

même ne l'est dans la manière de les fortifier. Les grandes innovations, dans l'attaque,
datent encore de Vauban, par l'introduc-
tion des parallèles ou places d'armes et du
tir à ricochet(1), et de Bélidor par celle des

(1) Ce fut en 1673, au siége de Maëstrich, que
Vauban introduisit, dans l'attaque des places, l'u-
sage des parallèles ou places d'armes ajoutées aux
tranchées pour soutenir les travailleurs abandonnés
à eux-mêmes dans l'ancienne méthode ; mais il en
prit l'idée des Turcs, qui les premiers les employèrent
au siége de Candie. Vingt-quatre ans après, au siége
d'Ath, Vauban fit une innovation plus heureuse encore dans l'emploi et le tir des bouches à feu. L'invention des terribles batteries à ricochet fut entièrement de lui ; elle changea totalement le système de
l'attaque des places fortes, et l'ancienne routine fut
abandonnée. Depuis lors les méthodes pratiquées par
Vauban ont été suivies, sans modifications considérables, par tous les ingénieurs de l'Europe ; mais aucune nation ne s'y est rendue plus habile et ne s'est
plus illustrée, par ses siéges, à toutes les époques de
notre histoire moderne, que la nation française.

globes de compression (1). *L'art fortifiant* n'est point encore parvenu à annuler ces moyens, et ce sera une grande et heureuse innovation lorsqu'il y parviendra. Bousmard, excellent ingénieur, a rendu, par

(1) Bélidor, officier français du premier mérite, pensa qu'en surchargeant des fourneaux de mine leur commotion intérieure serait plus forte, et qu'ils atteindraient les galeries, les fourneaux, les contrescarpes de l'ennemi à une plus grande distance. Les expériences en furent faites à Potsdam, en présence du grand Frédéric, par l'ingénieur Lefebvre, et eurent les plus heureux résultats; mais le premier emploi qui fut fait des globes de compression dans l'attaque des places, a été au siége de Schweidnitz, par les Prussiens, en 1762. Cette innovation a été dans la guerre souterraine aussi fatale à la défense que celle du ricochet dans la guerre supérieure, puisqu'elle annule presque entièrement l'effet des mines de l'assiégé, comme le ricochet détruit l'effet de son artillerie. L'une et l'autre ont donné à l'attaque des places cette supériorité sur la défense, que celle-ci avait auparavant sur l'attaque, et qu'elle n'a pu encore reprendre.

son ouvrage , des services à la science; mais les innovations qu'il y propose et qui lui ont valu dans le principe , de la part d'un grand prince, *l'honorable défense de les publier*, dont cependant le mérite est beaucoup au-dessous de l'honorable défense , ne regardent que le tracé des ouvrages.

MÉMOIRE

SUR

LA DÉFENSE DE LA FRANCE

PAR LES PLACES FORTES,

CONCURREMMENT AVEC L'ACTION DES ARMÉES.

Considérations générales sur le système des grandes armées.

Un grand état militaire s'est établi en France sous le régime républicain. Il est né de la nécessité où s'est trouvée alors cètte puissance de se défendre seule contre toutes les nations de l'Europe. Les souverains, alarmés de cette catastrophe révolutionnaire qui, après avoir renversé la monarchie en France, attaquait par ses principes les fondements de tous les trônes, virent la cause des rois dans l'anéantissement de cette

I

république. Du Nord au Midi, une croisade se forma contre elle, et du Nord au Midi les Français accoururent sur les frontières pour repousser l'ennemi. Par des succès multipliés que l'on était loin d'attendre d'une masse d'hommes sans ordre et sans discipline, bouleversant tout l'art de la guerre, et n'ayant que leur enthousiasme pour guide, ils assurèrent l'existence de leur république, et forcèrent les souverains à la paix.

Mais cette masse d'hommes réunis d'abord pour la défense servit bientôt pour l'attaque, et la république, rassurée sur son existence, devint ambitieuse. Ces nombreuses armées, occupées dans le principe à faire face de toute part, se réunirent sur un seul point, et y formèrent ces armées envahissantes qui bouleversèrent bientôt toute l'Europe. Un général habile autant qu'heureux les conduisit; et, par une marche inévitable des choses humaines, après avoir étonné la nation, il la subjugua. Il joignit à tout ce que l'effervescence républicaine avait donné de force à la nation, tout ce que la politique la plus gigantesque et les succès les plus brillants qui aient jamais illustré les annales des nations, pouvaient lui donner d'enthousiasme. Il passionna la nation pour la gloire, et bientôt la gloire de la nation cacha l'ambition du maître. Dès-lors chaque puissance se vit attaquée successivement, et, pour résister à l'orage, fut obligée de tonner aussi fort que lui. De là s'établit chez toutes les nations de l'Europe le système des grandes armées.

Dès-lors la guerre changea de nature, et le système d'envahissement fut une première conséquence nécessaire du système des grandes armées, 1° parceque la difficulté de renouveler ces grandes masses fait qu'une semblable armée une fois battue, et la supériorité bien établie en faveur de l'un des combattants, le pays reste ouvert au vainqueur qui le parcourt rapidement, si aucun obstacle ne l'arrête dans l'intérieur, ou oblige le vaincu à faire promptement la paix. La bataille de Marengo détruisit l'armée autrichienne, et nous rendit maîtres de toute l'Italie ; celle d'Austerlitz termina la guerre de 1805 ; la bataille d'Iena nous ouvrit la Prusse en 1806, et nous la parcourûmes jusqu'à ses frontières opposées ; celle de Wagram termina la campagne de 1809 ; enfin celles de Liepsick en 1813 et de Waterloo en 1815 amenèrent deux fois l'ennemi dans Paris ; 2° parceque la nécessité de s'étendre pour faire vivre ces grandes réunions d'hommes et l'impossibilité par-là de séjourner quelque temps sur le même point, doivent sans cesse obliger à se porter en avant par des marches rapides et à envahir un grand territoire pour pouvoir vivre.

Une conséquence naturelle de la difficulté de pouvoir faire vivre une grande armée long-temps sur le même lieu, vient se placer ici comme prin-cipe de la défense: c'est qu'il faut arrêter l'ennemi le plus long-temps possible sur le même point. Ce principe sera sur-tout d'un grand ré-sultat, si on a su attirer l'ennemi dans un pays stérile loin de sa base d'opération (1). L'armée française eût été perdue en 1805, si l'ennemi eût su l'arrêter au lieu de la combattre, lorsqu'elle fit. loin de sa base d'opération, cette pointe qui la porta jusqu'aux confins de la Moravie. Les Russes nous ont vaincus en fuyant et nous arrê-tant ensuite dans les déserts qu'ils avaient faits de leur propre pays. Nous remarquerons en pas-sant l'avantage immense de cette puissance dans la défense : par sa vaste étendue, elle peut faire parcourir une espace sans bornes à une armée en-vahissante qui s'y détruit. Quant à celle-ci, loin de

(1) On entend par base d'opération la ligne des points d'où part une opération d'armée, soit défensive, soit offensive, et d'où elle tire tout ce qui peut servir à son action ; et par ligne d'opération, les communications qui lient une armée à sa base. Une armée est coupée lorsque l'ennemi s'est placé entre elle et sa base d'opération.

sa base d'opération, toute manœuvre contre elle la met dans le plus grand danger. Ainsi, le système défensif de la Russie est très simple ; il est le même que celui de ces fameux Scythes, leurs devanciers dans les déserts qu'ils habitent. Ils se défendaient en fuyant, ruinant tout sur leur passage, et mettant sans cesse des déserts entre eux et l'ennemi. Ce système de défense a le grand avantage de ne point exiger le déploiement de grandes forces pour son exécution ; et si la Russie conserve encore un état militaire qui passe sept cent mille hommes, on doit lui supposer tout autre objet que celui de sa simple défense. Un tel état militaire doit alarmer l'Europe, dont elle menace l'indépendance physique et politique. Nos états européens, limités dans leur étendue, n'ont pas les mêmes avantages défensifs que la Russie, et ne peuvent comme elle se défendre en fuyant. Leurs armées seraient bientôt acculées contre leurs voisins ou à la mer, et forcées de combattre enfin, sans avoir fait beaucoup de mal à l'ennemi.

Du système défensif le plus favorable à la Russie, il résulte un système particulier d'attaque contre cette puissance. Comme en guerre, il ne faut jamais vouloir ce que veut l'ennemi, on se gardera bien de le suivre dans ses déserts pour le combattre. Après s'être emparé, dans une pre-

mière campagne, d'une certaine étendue de pays,
on s'y arrêtera, on y organisera l'armée, on pour-
voira à sa subsistance pour la campagne suivante,
on y passera l'hiver, toujours trop rigoureux sous
le climat de la Russie, pour y faire la guerre dans
cette saison. Mais au retour du printemps on se
remettra en campagne avec une armée refaite, si
l'on a des succès, on s'arrêtera de même à l'entrée
de l'hiver, pour recommencer de nouveau au printemps suivant: Ce mode d'attaque forcera sans
doute bientôt la Russie à abandonner son système
de retraite continuelle et de dévastation générale,
et l'obligera à combattre ou à faire la paix. Dans la
campagne de 1812 les Russes pouvaient se dispenser de livrer la bataille de la Moscowa; le résultat
eût, pour eux, été toujours le même. Mais si Napoléon, au lieu de courir après les Russes jusqu'à
Moscow à l'époque d'une saison déja trop avancée,
se fût arrêté après la bataille de Smolensk, si
même il n'eût que touché à Moscow, sans y séjourner inutilement, et fût revenu en Lithuanie où
il eût passé l'hiver, refait son armée, préparé
ses munitions et ses subsistances pour une nouvelle campagne, organisé la Pologne, appelé
les Polonais à l'indépendance, et rentré en Russie au printemps suivant; nul doute alors que
la Russie, voyant cette armée, à laquelle elle

n'avoit pu résister, prête encore à la ravager dans de nouvelles directions, se fût empressée à rechercher la paix. Mais Napoléon, inquiet pour ses derrières, et peu confiant dans les dispositions de l'Autriche et de la Prusse qu'alarmoit les projets qu'on lui supposoit pour la restauration de la Pologne, craignant d'ailleurs les insinuations de l'Angleterre qui, en présentant l'éloignement de Napoléon comme le moment favorable à l'affranchissement de l'Allemagne, pourroit détacher de sa cause quelques uns de ses nombreux alliés que la crainte seule y retenoit, voulut terminer cette guerre en une seule campagne. Il crut qu'en frappant la Russie dans le sein même de la ville sacrée, il l'améneroit à la paix. Il s'abandonna trop facilement à l'espoir dont cette puissance sut l'amuser pour le jeter, au milieu des rigueurs de l'hiver, dans son affreux climat, dont elle savoit bien qu'elle tireroit une meilleure défense que de ses propres troupes. La résolution de brûler Moscow, de ruiner son propre pays, présentoit les Russes comme déterminés aux plus extrêmes sacrifices plutôt que de céder. L'incendie de Moscow devoit éclairer Napoléon ; un peuple capable d'un pareil effort a dans son essence une force de résistance contre laquelle viendra toujours se briser l'action la plus puissante.

Le système d'envahissement devait amener de grands résultats et étendre par cela même le champ de la politique. Les guerres ne se terminèrent plus par la cession de quelques villages, ou par celle d'une faible portion de territoire, qui n'influaient en rien sur la force des états et la prospérité des nations; elles ne se firent plus pour les querelles particulières des souverains , mais pour les intérêts des peuples. La France compléta sa force territoriale par la conquête de la Belgique, qui porta ses limites au Rhin; elle compléta la prospérité de son commerce en acquérant les cours navigables et les embouchures des fleuves, dont elle ne possédait que les sources ou de faibles portions de leurs cours, tels que la Meuse, la Moselle, l'Escaut et le Rhin; elle étendit son influence en Allemagne, 1° par les trois têtes de pont de Khel, Cassel et Wesel, qui lui donnaient la faculté de faire passer le Rhin , sans obstacle , à ses nombreuses armées, et de prendre sa base d'opération le long des places fortes de ce fleuve; 2° par la confédération du Rhin, qui lui permettait de déployer ses forces de suite, après le passage du fleuve. Elle se rendit l'arbitre de l'Italie, 1° par les routes qu'elle ouvrit à travers les Alpes, qui lui permirent de franchir rapidement ces terribles obstacles qui l'en séparaient; 2° par la réunion du Piémont à son territoire, qui couvrait le débouché des Alpes et lui procurait l'avantage de pouvoir déployer ses armées de suite après le passage de ces montagnes : elle eut sans doute, dans le même système, réuni à son territoire le pays compris entre l'Èbre et les Pyrénées, pour contenir l'Espagne, si ses armées y eussent eu des succès plus heureux.

Les possessions que l'on ajouta à celles-ci furent plus ambitieuses encore. Les provinces illyriennes complétèrent la possession du Frioul, couvrirent l'Italie, prirent l'Autriche en flanc, nous rendirent maîtres du commerce de l'Adriatique, menacèrent même la Turquie ; la possession de la Hollande et des villes anséatiques, en nous donnant les embouchures des rivières navigables de l'Ems, de l'Elbe et du Weser, nous rendit maîtres des débouchés du commerce de l'Allemagne, et nous servit à attaquer la Prusse, en prenant nos bases d'opération près de cette puissance.

Enfin, la confédération du Rhin, en s'appuyant sur les rives du Niemen et traversant toute l'Allemagne, nous rendit maîtres des dispositions politiques de tous les souverains de cette partie du continent, et nous fit toucher à la Russie, sur laquelle même nous portâmes encore notre influence.

Voilà ce qui fut fait pour donner à la France la prépondérance sur le continent : dispositions hostiles où tout était contraint et ne pouvait subsister que par la force, et par conséquent tomber ; car toute force qui n'est pas dans la nature a son terme de durée.

Pour étendre le commerce de la France et faire tomber des mains des Anglais le sceptre des mers, on imagina le système continental : mais on voulut l'établir par violence en employant la force des armes ; dès-lors il devint illusoire, et la contrebande suppléa au défaut de liberté du commerce chez les nations étrangères qui n'y mirent pas la même rigueur que nous. Les puissances ne virent dans ce système que la violence que l'on employait pour les contraindre à l'adopter ; elles s'y opposèrent, et cela avec d'autant plus de raison, que la France paraissait vouloir pour elle seule la suprématie qu'elle cherchait à enlever à l'Angleterre. Il eût été contre leurs intérêts de voir passer l'empire des mers, de l'Angleterre dont elles n'avaient rien à craindre sur le continent, à la France qui s'était montrée si ambitieuse, et qui, après avoir détruit des royaumes, changé des dynasties, eût bouleversé le reste de l'Europe à sa fantaisie. Le système continental s'établira de lui-même lorsque, n'ayant rien à craindre de la France, il viendra du fait de toutes les nations réunies d'intérêt. Quelques années de paix alors l'établiront d'une manière bien plus rigoureuse que les vingt années de guerre précédentes ; il deviendra l'esprit national du continent, et cet esprit national fera cesser la contrebande même. Déja nous voyons l'angoisse toujours croissante de l'Angleterre, résultante du système de prohibition générale adopté par toutes les puissances de l'Europe.

L'établissement du système continental nous fit chercher des ennemis jusqu'aux extrémités du globe, et l'on vît en contact des peuples qui naguère ignoraient jusqu'à leur existence. Nous eûmes des revers, et toutes les puissances de l'Europe profitèrent de ce moment pour rompre les chaînes que nous leur avions données. La réaction fut d'autant plus terrible que l'action avait été violente. Nons fûmes écrasés sous le poids de l'Europe entière, qui se vengea des humiliations que nous lui avions fait subir, en nous en imposant de plus fortes. Nous rentrâmes dans nos plus anciennes limites, et nos voisins s'agrandirent de nos dépouilles. Mais, inépuisable en ressources, la France n'a besoin que de quelques années de paix fortifiée de l'union des esprits, de l'attachement et de la confiance en son gouvernement, pour voir succéder aux plus grands désastres une prospérité que ses voisins lui ont toujours enviée. Ils savent qu'elle a été un moment humiliée (si un seul revers peut humilier vingt ans de triomphe), mais non pas abattue; ils la craignent encore et l'observent toujours. Sa prospérité que rien n'arrête, la crainte qu'elle a inspirée aux nations voisines, lorsqu'elles ont vu la France se relever forte, riche, fière et majestueuse de cette catastrophe qui semblait devoir anéantir toutes ses ressources, leur ont fait regarder le coup qui devait abattre la France pour jamais, totalement manqué dans leur première invasion ; elles virent dans le 20 mars l'occasion de recommencer pour faire mieux. Leurs armées qu'avaient réunis dans le Nord, au moment du débarquement de Canne, ou le hasard, ou leur prévoyance, ou peut-être même une politique perfide, comme le soupçon en a long-temps circulé sans être même aujourd'hui totalement dissipé, se trouvèrent prêtes à nous envahir encore. Peu avant cette fatale époque les Anglais (1) transportaient sur le continent de l'infanterie, de la cavalerie et de l'artillerie sous le prétexte d'occuper la Belgique. La Prusse réunissait une armée de cinquante mille hommes autour de Luxembourg, le Nord était en mouve-

____

(1) Voyez les journaux du temps.

ment, les Russes avaient fait halte, enfin la réunion diplomatique européenne subsistait encore au congré de Vienne; au moment du débarquement, une nouvelle coalition de l'Europe entière y fut résolue contre la France plus encore que contre l'homme qui venait de s'en emparer. L'exigence des alliés, au traité de Paris, a trop clairement fait voir que l'expulsion de cet homme n'avait pas été le seul motif qui leur avait remis les armes à la main, aussi leur seconde invasion fut-elle plus fatale à la France que tout ce qu'elle avait éprouvé jusqu'alors....; mais aucun désastre ne peut égaler l'immensité de ses ressources. Elle étonne encore le monde par sa prospérité, elle l'étonnera bientôt par son attitude. Ses voisins qui suivent sa marche croissante la craindront toujours, et elle doit continuellement se tenir en garde contre leur jalousie. Tous puissants, souvent unis, ils tenteront sans cesse de l'anéantir, et pour cela leurs armées seront toujours considérables, et par suite le système de guerre sera un système d'envahissement. La France doit donc être toujours en mesure de repousser leur invasion, et par conséquent entretenir un grand état militaire permanent, premier point de sa défense.

Nous avons vu que la sphère de la politique s'était étendue par le fait des guerres d'envahissement, qui, en rapprochant les peuples les plus éloignés, fit découvrir de nouveaux rapports entre eux, créa de nouvelles idées, fit naître de nouvelles combinaisons entre leurs besoins, leur commerce, leur force et leur industrie. On ne doit plus se battre désormais que pour régler ces grands intérêts des nations. C'est à compléter sa force territoriale, à faire changer un système politique contraire aux intérêts de son commerce et de sa prospérité, que doivent tendre tous les efforts d'une nation. Mais ce n'est que par des guerres envahissantes qui, en portant les armées jusqu'au centre des empires, mettent le vaincu à la disposition du vainqueur, que l'on obtiendra ces grands résultats. Ainsi, tant que les éléments de la politique européenne seront aussi multipliés, ses vues aussi vastes, et tant que toutes les nations seront liées par une chaîne d'intérêts reciproques qui souvent les réunissent, d'autres fois les divisent, les guerres n'auront point d'autre but, leur marche sera envahissante et les armées seront nombreuses. Aussi voyons-nous toutes les puissances de l'Europe maintenir, à peu de chose près, le grand état militaire auquel elles avaient été conduites par l'effet des dernières guerres, ainsi que les institutions qui doivent les perpétuer.

Le système actuel de guerre subsistera donc en

Europe, à moins qu'une révolution morale, difficile à prévoir, vienne séparer les peuples les uns des autres, et détruire les besoins réciproques qui établissent leurs rapports. Ce premier point était essentiel à établir, car du système de l'attaque doit naître celui de la défense.

On m'objectera sans doute que les circonstances qui ont amené les invasions de 1814 et 1815 et fait écraser la France du poids de l'Europe entière, ne peuvent se renouveler; qu'alors ce n'était plus une guerre ni de politique ni d'intérêts pour les peuples contre la nation française elle-même, mais contre *l'homme;* que la cause n'existant plus, l'effet ne peut plus se reproduire. Sans doute on ne verra pas souvent se renouveler ces sortes d'invasions, ces guerres de tous contre un seul, quoiqu'elles puissent être cependant dans l'ordre des choses que la nature de la politique européenne peut encore amener contre la France; mais je parle de ces guerres de puissance à puissance, et je dis que, par elles-mêmes ou par leurs alliances, les puissances voisines mettront toujours sur pied contre la France de grandes armées dont la marche est nécesairement par nature envahissante. Louis XIV n'a-t-il pas été obligé de se défendre lui seul contre une partie de l'Europe? ce qui s'est vu sous ce monarque peut, à plus forte raison, se renouveler un jour. La France ne manquera jamais de jaloux, et par conséquent d'ennemis; l'Angleterre est là pour lui en payer, toutes les fois que sa trop grande prospérité lui donnera de l'ombrage. Sans doute les étrangers n'attaqueront cette France, dont ils ont pu se convaincre de la puissance et de l'énergie, qu'avec des forces proportionnées à une telle entreprise; et rien ne nous assure que la France, toujours victorieuse, ne sera pas, après une lutte longue et désastreuse, réduite à une défensive absolue sur son propre territoire. Une disproportion de forces alors entre les armées combattantes porterait l'ennemi jusqu'au centre de l'empire, si l'organisation militaire de la France ne la mettait pas en état de résister à ces sortes d'invasions, en forçant l'ennemi de changer la guerre d'invasion inhérente aux grandes armées, en une guerre méthodique, régulière et lente qui les détruit.

De quelle manière l'on doit organiser la défense d'un état dans le système des grandes armées.

Le mode de guerre ayant changé, la nature de l'attaque n'étant plus la même, le système de défense doit aussi subir des modifications qui le mettent en harmonie avec le système de l'attaque.

Nous avons reconnu que le système d'attaque par des grandes armées ne pouvait se soutenir que par une marche toujours envahissante ; le système de défense doit donc être d'arrêter l'ennemi le plus long-temps possible sur le même point, et le forcer à une marche lente. Les places fortes sont le seul moyen de remplir cet objet conjointement avec les armées mobiles.

Lorsque les puissances belligérantes ne mettaient en contact que de faibles armées, elles étaient alimentées par des magasins dont on n'osait s'éloigner, et la lutte se passait sur une zone étroite de la frontière. Cette zone, organisée en places fortes souvent même de médiocre étendue, suffisait pour arrêter l'ennemi, en le forçant à s'en emparer pour assurer ses derrières, étendre ou rapprocher de lui sa base d'opération avant de pénétrer dans l'intérieur. Notre triple ligne de places fortes, quoique défectueuse sur plusieurs points, a cependant été long-temps le boulevard de la France jusqu'au moment où les puissances ennemies, à l'exemple des Français, firent contre elle une guerre d'envahissement avec des armées innombrables, et méprisèrent avec raison la vieille réputation de notre frontière. La zone impénétrable fut bientôt franchie sur ses points vulnérables, les petites places furent contenues par des corps partiels, et Paris vit l'ennemi sur les bords de la Seine qu'à peine connaissait-il les désastres de nos armées.

On dira sans doute que l'on ne peut rien préjuger pour l'avenir des événements de 1814 et 1815; que l'élément essentiel de toute bonne défense, les armées, n'existait plus alors en France; que néanmoins l'ennemi, en 1814, resta longtemps en présence de ce colosse de la France, qui l'effrayait encore, sans oser l'attaquer avant d'avoir des moyens immenses; qu'il s'est porté sur la frontière de l'est, la plus dégarnie de places fortes; que si cette frontière eût été organisée pour une bonne défense et eût pu arrêter le mouvement de l'ennemi de manière à donner à l'armée le temps de se rassembler, au lieu de trouver l'ennemi sur l'Aube, elle l'eût trouvé occupé contre les places fortes; qu'on eût gagné vingt jours, peut-être, ce qui eût été un avantage immense; qu'en 1815 l'ennemi a également pénétré par la portion la plus faible de la frontière du nord; que si cette portion eût été organisée comme celle de l'extrême nord, nul doute qu'il eût été obligé de s'arrêter ou de laisser un fort corps d'armée devant quelques unes des grandes places où se serait réfugiée l'armée après sa défaite à Waterloo; qu'il n'eût plus eu alors assez de forces disponibles pour risquer de s'avancer davantage; qu'on aurait également gagné le temps nécessaire au rassemblement d'une nouvelle armée (en supposant que l'état intérieur de la France l'eût permis), qui l'aurait trouvé encore embarrassé au milieu des places. Ces réflexions, sur ce qui a été et sur ce qui aurait pu être, sont justes, et elles nous conduisent aux conséquences suivantes : 1° Que les places fortes peuvent seules s'opposer à la marche d'une grande armée, qu'une trop grande supériorité rendrait envahissante ; 2° *qu'il n'y a que les grandes places qui puissent remplir complètement cet objet;* 3° que nos frontières militaires n'offrent pas par-tout une organisation complète, et laissent plusieurs points vulnérables dont la défense n'a été assurée que par de petites places; 4° qu'enfin il est essentiel de réorganiser de nouveau notre défense par les places fortes, et la mettre en harmonie avec le système de l'attaque par les grandes armées.

Le raisonnement et l'expérience nous prouvent que les petites places, quel que soit leur nombre sur une frontière, ne sont point en général des obstacles aux grandes armées; qu'elles ne peuvent arrêter la marche de l'ennemi en le forçant à des siéges longs et pénibles, seul système défensif à employer contre les grandes armées. Mais de

cette proscription contre les petites places en général, on ne doit pas conclure l'inutilité absolue
des places fortes contre une guerre d'invasion,
comme quelques uns le prétendent. Nous n'oppo-
serons aux détracteurs des places fortes que les
faits des temps passés et des temps modernes. Tout
le monde connaît les événements malheureux qui
furent la suite de la démolition des places fortes
de la Belgique par Joseph II, imbu aussi de la
fatale opinion de leur inutilité. De plus n'a-t-on
pas vu, pendant les guerres de la succession, nos
places fortes arrêter, pendant plusieurs cam-
pagnes, un ennemi victorieux, et une place du
dernier rang, à peine connue aujourd'hui, procurer par sa résistance à un de nos plus habiles généraux le temps d'exécuter sa sublime attaque de
Denain, et de sauver la France par un succès aussi
complet qu'il était nécessaire? Dans la guerre
de 1793, notre ligne de places fortes n'a-t-elle pas
sauvé la France d'une invasion dans le Nord? Si
l'Allemagne eût eu un plus grand nombre de
places fortes, si elles eussent été plus convena-
blement placées, eussions-nous envahi des empires entiers après une seule bataille gagnée? Enfin si toute notre frontière eût été organisée de
manière à lui constituer par-tout le même degré
de force que celui que tire la frontière de l'extrême

Nord des grandes places qui la couvrent, n'est-il pas à présumer que l'invasion de 1815 n'eût pas conduit, sans coup férir, l'ennemi jusque dans la capitale après le gain d'une seule bataille hors de notre territoire? Mais l'utilité des places fortes est généralement trop bien sentie et appuyée de trop fortes raisons pour qu'il soit nécessaire de la défendre davantage contre leurs détracteurs.

Il ne faut cependant pas se faire illusion sur les grands avantages des places fortes. Sans doute ils sont très considérables, mais ils doivent pour cela être bien compris. Il ne faut pas leur attribuer ceux qu'elles n'ont pas. Il faut bien apprécier le rôle qu'elles doivent jouer dans la défense; s'il était mal saisi, il conduirait à de graves inconvénients. Les places fortes seules, peuvent, dans quelques situations particulières, retarder l'ennemi, mais ne l'arrêtent pas. Après une résistance proportionnée à leur force, elles se rendent et l'ennemi passe. Les armées ne peuvent non plus, sans l'appui des places fortes, donner cette garantie à laquelle on doive attacher toute sécurité. Leur existence est peu assurée. La perte d'une bataille qui tient si souvent au hasard, à une terreur panique, à un ordre mal rendu, à un officier pris ou tué, livre, sur une frontière ouverte, tout le pays à l'ennemi. Il suit de ces réflexions *qu'un empire ne sera bien défendu que par l'action combinée des armées et des places fortes.*

Mais sa principale défense doit être essentiellement dans ses armées ; les places fortes ne font qu'assurer cette défense et la rendre plus avantageuse. Sans les armées, les places fortes ne sont rien, et peuvent devenir nuisibles en paralysant des moyens qui, réunis, eussent pu peut-être sauver l'état. Les forces laissées par Napoléon à Dantzick, Hambourg, Magdebourg, Wurtzbourg, Glogaw et tant d'autres places de l'Allemagne et de l'Italie, après la perte totale de ses armées, n'y furent d'aucune utilité à sa cause ; leur réunion sur le Rhin eût empêché l'invasion de 1814, ou du moins l'eût long-temps retardée.

Mais quelle doit être la nature de ces places ? quelle doit être leur distribution sur l'étendue du sol d'un empire ? quel rôle doivent-elles jouer dans les opérations des armées actives ? Telles sont les questions importantes qu'il est essentiel de traiter.

Nous avons déja rejeté, par le raisonnement et l'expérience, les places de médiocre capacité entassées, suivant l'ancien usage, sur une zone étroite de la frontière où elles deviennent, pour la plupart, inutiles, consomment beaucoup d'hommes pour leur défense, ne se lient d'aucune manière aux opérations de l'armée active, parceque leur position n'a point été calculée sur celle-ci, et ne lui sont d'aucun secours, ni comme appui, ni comme base.

Les places fortes doivent donc être spacieuses pour renfermer tous les besoins de l'armée agissante, contenir une nombreuse garnison pour forcer l'ennemi à ne pas les mépriser. Mayence, Gênes, Dantzick, Sarragosse, ont obligé l'ennemi à des siéges. On y placera autant que possible, suivant la belle idée de Vauban, des camps retranchés (1), dont la théorie a été si bien dévelop-

(1) Vauban a encore emprunté des Turcs l'idée des camps retranchés, bien différents cependant des nôtres pour la force, puisque ceux des Turcs ne sont qu'en palanques, et ne sont pas à l'abri d'une attaque de vive force. Toutes les positions ne sont pas susceptibles de recevoir des camps retranchés, et le choix de leur emplacement est une chose assez délicate sur laquelle Vauban lui-même s'est quelquefois trompé. Un camp retranché ne doit pas être nécessaire à une place; il doit en être au contraire le plus possible indépendant, autrement il ne serait qu'une partie des fortifications de cette place. Enfin il remplira son but dans toute sa plénitude, lorsque la prise du camp retranché ne nuira en rien à la défense de la place, et qu'il forcera l'ennemi à faire deux siéges.

pée par M. le général Rogniat. Ces camps retranchés donneront aux petites places déja construites toutes les propriétés des grandes places, dont la principale sera d'obliger l'ennemi à ne pas les laisser derrière lui, comme il pourrait le faire sans cela. Alors les places atteindront le but d'arrêter l'ennemi et de le forcer à les attaquer avant que de passer outre. On peut mépriser et laisser en arrière une place de cinq à six mille hommes de garnison, que l'on paralyse par un corps de huit à dix mille hommes; mais, quelle que soit la supériorité de l'ennemi, il n'osera jamais laisser sur ses derrières une armée retranchée de trente à quarante mille hommes, même une de vingt mille renfermée dans une place forte. Il faut qu'il la combatte, par conséquent qu'il s'arrête, et c'est là le but. Mais, dira-t-on, si vous avez vingt à vingt-cinq mille hommes dans une place, l'ennemi en laissera trente-cinq à quarante mille, vous sera supérieur, et passera sans s'inquiéter de ses derrières. D'abord cette diminution de force pourra rétablir l'équilibre numérique entre vous et lui, et vous n'aurez plus à lutter que but à but avec lui. De plus, les quarante mille hommes laissés devant vingt-cinq mille solidement retranchés dans une place forte, suffiront-ils pour conserver une supériorité constante, car je ne présume pas qu'ils

tenteront le siége d'une pareille garnison. D'ailleurs ne pourra-t-on pas rassembler encore contre
eux une vingtaine de mille hommes tirés des garnisons des autres places, car, l'ennemi une fois
passé, elles y seront inutiles, du moins en partie.
Alors attaqués de toute part par des forces supérieures appuyées par une place forte, ils succom-
beront, et l'armée qui aurait pénétré en avant,
coupée de sa base d'opération, et bientôt entourée
par les garnisons réunies des places fortes et par
l'armée qu'elle aurait en tête, serait bientôt dé-
truite. L'on voit donc que cette marche à travers
des places fortes dont les garnisons sont des corps
d'armée, est impossible. L'ennemi ne peut, en
les masquant, les laisser sur ses derrières; il faut
qu'il s'en empare, qu'il s'y arrête, qu'il y con-
sume un temps que l'on met à profit pour rassembler ou réorganiser les forces mobiles qui doivent de nouveau agir contre lui.

Cependant proscrirons - nous d'une manière
absolue les petites places? non; mais leur rôle
sera moins relatif à l'action des armées actives.
Elles seront des têtes de pont. Jetées en avant à
la tête des défilés, elles fermeront des passages
importants dans les montagnes. Elles lieront,
dans les vallées transversales, les opérations combinées de plusieurs corps d'armée, et seront en-

core par là d'une grande importance dans la défense. Nous ne nous occuperons cependant pas
particulièrement de celles-ci ; leurs positions sont
absolument déterminées par les localités, et ne
peuvent être soumises qu'à des combinaisons de
détail qui n'entrent point dans le plan de ce mémoire.

Revenons aux objets de défense générale ; le
premier objet de la défense d'un état est l'intégrité de son territoire ; la première garantie de
cette intégrité est dans les moyens de défense
déployés sur sa frontière. C'est donc sur la frontière que l'on doit d'abord organiser la défense.
Mais doit-on s'arrêter précisément à cette frontière, et se borner uniquement à organiser défen-
sivement une zone étroite autour de l'enceinte
d'un état, comme on l'a pratiqué jusqu'à ce jour?
Une nation telle que la France, exposée à voir
tous ses voisins coalisés contre elle, à être attaquée sur plusieurs points à-la-fois, à avoir en tête
des armées immenses, un peuple dont l'esprit
belliqueux le porte sans cesse à des guerres qui,
pour résultat ordinaire, amènent l'Europe entière sur son propre territoire, comme on l'a vu
sous Louis XIV, et tout récemment sous Napoléon, et comme on le verra encore sous tout prince
qui aura le génie de la guerre, doit se prémunir

contre l'effet d'une ligue formidable ou d'une suite
de malheurs qui auraient anéanti ses moyens ; et
après avoir défendu sur ses frontières l'intégrité
du territoire, il doit trouver, dans son intérieur,
les moyens de défendre l'indépendance de la nation, et l'on doit y placer les bases d'une nouvelle
défense. Je ne chercherai pas à réfuter sérieuse-
ment ceux qui, sans doute, objecteront que des
places fortes ainsi semées sur le sol d'un état fa-
voriseront la tyrannie des princes ; je leur répon-
drai seulement que sous un régime représentatif, comme celui qui maintenant gouverne la
France et que rien ne peut y détruire, la tyrannie
des princes est impossible. Les droits du roi et de
ses sujets sont établis de manière à ne rien laisser
à l'arbitraire. Ce système unit tellement le souverain au peuple, que les intérêts du monarque
ne peuvent être que ceux de la nation. Le roi n'est
rien sans elle, sa gloire est celle de la nation elle-
même, sa grandeur le résultat de sa prospérité ;
il ne peut rien faire, rien vouloir, qu'il ne le fasse
et ne le veuille pour le plus grand bien du peuple,
pour la plus grande prospérité de l'état. La facilité
de réprimer, par la représentation nationale, les
abus qui dans tout gouvernement tendent toujours
à s'introduire, et finissent par les renverser, en
amenant un moment où la force d'opinion l'em-

porte sur l'autorité des préjugés, rendrait la na--
tion bien coupable envers elle-même, si son gouvernement était un jour exposé à un pareil danger. L'anarchie populaire, lorsqu'une faction,
quelle qu'elle soit, politique ou religieuse, sous
quelque couleur qu'elle se présente, égare l'esprit
de la nation, est désormais bien plus à craindre
que la tyrannie du monarque; et si des places
fortes pouvaient en garantir, ce serait un nouveau
bienfait que nous devrions nous hâter de réaliser
en couvrant la France de places fortes.

Nous poserons donc en principe qu'outre l'organisation militaire de la frontière, la plus essentielle sans doute, la défense doit aussi s'organiser
dans l'intérieur de l'état, sur la plus grande étendue possible des directions par lesquelles l'ennemi
peut y pénétrer. Faudrait-il se regarder comme
vaincu, parceque l'ennemi aurait franchi une zone
étroite placée à la limite du royaume. L'Autriche,
la Prusse, la Russie, l'Espagne, n'ont-elles pas
poussé leur défense jusqu'aux confins de leur empire? Malheureusement ces états n'étaient pas
tous organisés pour une pareille défense, et quelques uns, après avoir lutté avec effort, ont suc-
combé sous ces efforts mêmes. Loin donc de borner sa confiance aux places de la frontière, il faut
profiter de toutes les lignes de défense que pré-

sentent les chaînes de montagnes intérieures, le cours des fleuves; de toutes les positions défensives qu'offre la nature; se retirer successivement sur ces positions, en augmenter la valeur par des places fortes qui en appuient les flancs ou en assurent les derrières. La position locale de ces places doit être déterminée d'après la marche présumée des armées ennemies. Qu'elles occupent les nœuds des grandes routes, les centres des principales communications où se trouvent, le plus souvent, des grandes villes, les bords des fleuves, pour se rendre maîtres de leurs cours, les confluents des grandes vallées qui donnent entrée dans l'intérieur du pays, les points stratégiques que l'expérience des guerres précédentes a signalés pour être constamment utiles à occuper; mais on ne les envisagera que relativement à l'armée active pour laquelle elles sont tantôt un bouclier, tantôt une lance.

Examinons maintenant leurs propriétés relativement à l'action des armées défensives et le rôle qu'elles doivent jouer dans les manœuvres de celles-ci :

Il est évident que la défense ne peut être purement passive de la part des armées, et que l'on ne parviendra à une bonne défense que par une offensive bien combinée entre les points défensifs assurés par les places fortes. Tous les principes de l'attaque viennent donc se placer ici pour la défense. Le grand but des places fortes dans cette partie de la défense doit être de favoriser tous les mouvements des masses, d'assurer toutes les manœuvres de l'armée contre l'ennemi.

Or, toute opération d'armée a un point d'où elle part, une ligne sur laquelle elle opère, et qui la joint sans cesse à son point de départ, base de toutes ses opérations ; enfin un but qu'elle veut atteindre. Une armée ne peut, sans se mettre dans une position critique, se laisser couper sa ligne d'opération et séparer de sa base. Il suit de là que, dans quelques positions qu'une armée se trouve, quels que soient les mouvements qu'elle opère sur l'ennemi, il faut, pour que son existence ne soit jamais compromise, qu'elle trouve toujours en arrière une base sur laquelle elle s'appuie, et dont les communications avec elle soient toujours libres. Il faut donc que l'armée couvre cette base, comme celle-ci assure les derrières de l'armée, et par conséquent que l'armée n'en soit jamais tellement éloignée, que l'ennemi puisse opérer contre elle sans se mettre lui-même en prise sur son front, sur ses flancs ou sur ses communications. Ce principe est un des plus importants de la stratégie (1), et l'on ne doit jamais s'en écarter. Il proscrit ces pointes des temps modernes, dont l'heureux succès a quelquefois fait excuser la témérité, mais dont nos derniers désastres de la Russie ont prouvé le danger.

Mais si l'armée est assujettie à une seule base, si elle est sans cesse occupée à couvrir cette base sans oser s'en écarter, dans la crainte de la compromettre, elle sera restreinte dans ses mouvements, et n'osera tenter aucune manœuvre contre l'ennemi. Sa force d'opposition ne sera plus que dans sa masse, elle ne pourra y ajouter celle que lui donne la mobilité, que peut diriger une tactique savante, et dont un génie fécond peut tirer de si grands avantages. Il est donc essentiel que l'armée ne soit pas astreinte à une seule base, mais qu'elle puisse, au contraire, l'abandonner à volonté pour en prendre une autre, sans craindre de perdre la première. Cette dernière condition assujettit les points de la base d'opération à être

(1) La stratégie est l'art de faire mouvoir les armées sur une grande étendue de pays, et de les diriger sur un point, pour les faire combattre à l'aide de mouvements particuliers exécutés sur ce point, et qu'enseigne la tactique.

fortifiés et capables par eux-mêmes d'une vigou-
reuse résistance, enfin à être de grandes places
fortes.

Un des avantages les plus importants que procurent donc les places fortes, c'est la faculté de
pouvoir exécuter contre l'ennemi toute espéce de
manœuvre, en trouvant toujours pour chaque
manœuvre une base et une ligne d'opération. Tel
est le grand rôle que les places fortes doivent
maintenant jouer dans la défense, relativement
aux armées agissantes, et qui seul peut amener
les plus grands résultats. Je regarde cet avantage
que procurent les places fortes comme si important,
que je n'hésiterai pas à avancer que leur distribution sur la surface d'un empire doit être faite
dans l'unique but de se l'assurer. C'est là maintenant le principal objet des places fortes, et par
lequel doit être remplacé celui d'empêcher l'ennemi de passer, qu'on ne peut leur attribuer exclusivement que dans des cas infiniment particuliers.

Cette possibilité de changer à volonté de base
et de ligne d'opération est un principe aussi fécond en grands résultats dans l'attaque qu'il l'est
dans la défense. Si dans une ingression sur le
territoire ennemi vous pouvez établir plusieurs lignes d'opération, vous n'êtes plus réduit à une
simple attaque de front, mais vous pouvez le ma-

nœuvrer dans tous les sens, sans avoir à redouter ses mouvements contre vous.

Cette observation s'applique avec désavantage à la France. Sa position géographique, sa configuration rectangulaire qui la présente à ses ennemis sous deux faces perpendiculaires entre elles, l'une tournée vers le nord, l'autre vers l'est, la mettent sous l'influence de deux lignes d'opération, sur-tout au point de jonction de ces deux frontières. Ce défaut a été bien senti par les alliés en 1814, et ils en ont su admirablement tirer parti pour changer de ligne d'opération. Leur principale ingression en France s'était faite par Bâle, et leur ligne d'opération passait par Langres, Chaumont, Bar-sur-Aube, etc., grande route de Bâle à Paris, but qu'ils voulaient atteindre. Après l'affaire d'Arcis-sur-Aube, Napoléon voulut tourner l'ennemi et tomber sur ses parcs et ses convois, dont sa ligne d'opération était couverte. Mais l'ennemi, jugeant la manœuvre de Napoléon, fit rétrograder en toute hâte ses parcs et ses convois dessus la route de Langres (où ils se précipitèrent, à la vérité, dans le plus grand désordre, n'ayant point de places fortes pour protéger leur retraite), et porta sa ligne d'opération dans le Nord par un changement de front de toute son armée. L'ennemi alors se trouva sur les derrières de Napoléon, qui fut lui-même coupé de Paris, dont il avait fait jusqu'alors sa base d'opération. Cette base avait le défaut d'être aussi le but de l'ennemi, ce qui empêchait Napoléon de s'en séparer pour en prendre une autre, Paris n'ayant eu par lui-même qu'une force trop inférieure à celle qui l'attaquait.

Mais c'est sur-tout dans la défense , et lorsqu'on est inférieur en nombre, que se manifestent les avantages de la faculté de pouvoir changer de ligne d'opération. Le maréchal de Saxe, l'homme qui a peut-être le mieux raisonné la guerre parmi ceux qui l'ont le mieux faite, a dit en parlant des dernières guerres malheureuses de Louis XIV. La plus grande faute qu'aient faite les généraux français a été d'avoir voulu résister de front à l'ennemi. Cette observation renferme un principe de tactique dont l'application donne les chances les plus certaines de succès. Ce principe est de s'opposer le moins possible de front à l'ennemi, mais de le manœuvrer et de l'attaquer sur ses flancs. Or, sans une certaine distribution de places fortes qui vous donne la facilité de changer à volonté et votre base et votre ligne d'opération, comment assurerez-vous ces manœuvres? Voulez-vous tourner l'ennemi, menacer par son flanc sa ligne d'opération, vous le serez vous-

même ; mais les places fortes vous garantissent de
ce danger, et, sans elles, vous ne pouvez exécuter,
avec sécurité, aucune manœuvre contre l'ennemi.

Faisons sentir par un exemple le jeu des
places fortes dans la défense d'un état relativement aux manœuvres des troupes. Je suppose que
l'ennemi soit maître de la seule place M (1) sur
le cours d'un fleuve, qui le sépare des états qu'il
veut attaquer, et qu'il établisse sur cette place la
base de ses opérations offensives. Soit l'armée défensive en position en B, appuyée aux places N
et P, ayant sa base d'opération en Q. L'ennemi,
en s'éloignant de sa base, ou marchera sur l'une
des places N et P, ou sur l'armée en position en
B entre ces places. Dans le premier cas, vous
laisserez l'ennemi s'avancer sur la place P, et au
lieu de l'attaquer de front en vous portant en E,
vous prendrez position en F, pour menacer ses
flancs et sa ligne d'opération. Si vous êtes battu,
vous vous retirerez sur la place N, qui, dans la
position où vous êtes en F, doit être considérée
comme votre base directe d'opération, où vous
prendrez position entre les places Q et N, qui,
par leur ensemble, vous donnent une ligne Q N
pour base d'opération. Mais si au contraire l'en-

(1) Voyez la planche à la fin de l'ouvrage.

nemi est battu, on le coupera de sa base d'opération sur M qu'il n'aura pu établir ailleurs, puisqu'il n'a eu en son pouvoir que la place M; il ne
pourra donc éviter la perte totale de son armée. Si au lieu de se porter sur les places P et N
l'ennemi se portait sur le corps B, nous remarquerons qu'il n'aura pas sur celui-ci l'avantage des manœuvres de flancs; il ne pourrait les
tenter qu'en découvrant sa base et sa ligne d'opération et qu'en s'exposant à la ruine complète
de son armée s'il était battu; il ne pourrait, par
exemple, menacer les flancs du corps B en se portant en G, car il ne trouverait plus en arrière de
base d'opération, puisque nous ne le supposons
en possession que de la seule place M, de plus il
découvrirait celle-ci et courrait risque de se voir
couper sa ligne d'opération, qu'il serait toujours
obligé de conserver sur cette place. Un ennemi
sage n'attaquera donc le corps B que de front.
Mais il n'en est pas de même de celui-ci : maître
d'une base d'opération étendue sur laquelle il
trouve toujours des points de retraite et de protection, dans quelque position qu'il se place autour
de son ennemi, il se portera vivement par une
marche de flanc en C, dirigeant sa ligne d'opération sur N qui devient sa base directe d'opération,

et menaçant en même temps les flancs et la retraite de l'ennemi.

Cet exemple nous fait voir l'immense avantage qu'a une armée qui opère avec une base d'o-
pération étendue, telle que celle formée par les
places N, P, Q, contre une armée qui n'a qu'un
seul point pour base d'opération. Il prouve aussi
qu'une armée, pour pénétrer avec quelques succès dans l'intérieur du pays ennemi, ne doit pas
se contenter de posséder un seul point pour base
d'opération, mais qu'elle doit l'établir sur une
ligne étendue qui lui donne la faculté de changer
sa ligne d'opération. Une seule place telle que M
sur le cours du fleuve ne lui suffira pas; il faut
qu'elle en ait encore sur les flancs de celle-ci. Il
faut observer en outre qu'à mesure que l'ennemi
s'avancera, il devra étendre la longueur de sa base
d'opération, en s'emparant de nouvelles places,
car lorsque l'ennemi est peu éloigné de M, les
places K et H lui suffisent pour changer sa ligne
d'opération et l'établir obliquement à la première;
mais lorsqu'il s'est très éloigné de son point de
départ, les points H, M, K, P, N, Q, n'en font
plus qu'un par rapport à lui. Il faut donc qu'il
s'assure de nouveaux points plus éloignés sur ses
flancs, où tout mouvement de l'ennemi qui ten-

dra à le tourner sera dangereux pour lui; c'est ce qui rend les manœuvres de flancs contre une armée éloignée de sa base d'opération, lorsqu'elle n'a pas su l'étendre suffisamment, si dangereuses pour celle-ci. C'est ce qui rendait notre position à Moscou si hasardeuse, ayant sur notre flanc droit l'armée russe que nous ne pûmes forcer à l'affaire de Maloiaroslavetz. Nous fûmes forcés de reprendre notre ancienne ligne d'opération, mais nous laissâmes l'ennemi sur nos flancs, qui ne sut cependant pas tirer tout le parti que présentaient sa position et l'état dans lequel les élements, plus que l'ennemi, nous avaient réduits.

D'après ce qui précéde, l'on voit que l'objet que je donne aux places fortes dans la défense d'un état est bien différent de celui qu'on leur attribuait autrefois. Cette différence en apporte aussi une très grande dans leur nature, leur distance et leur distribution sur le sol d'un état. Nous allons traiter ces différentes questions.

A l'inspection de notre frontière militaire organisée par Vauban, il paraît que cet illustre ingénieur regardait comme suffisamment couverte, une frontière garnie de trois lignes concentriques de places fortes, lorsque la nature n'y offrait aucuns obstacles particuliers. En première ligne, il mettait des petites places, depuis le carré jusqu'à l'octogone, éloignées de quatre à cinq lieues les unes des autres, et ne servant, pour ainsi dire, que de vedettes ou de gardes avancées pour arrêter le premier effort de l'ennemi. La seconde ligne, éloignée de la première autant que les places de celle-ci le sont entre elles, était composée de places de moyenne grandeur, espacées de sept à huit lieues les unes des autres, et devant servir d'entrepôt pour les besoins de l'armée défensive et des places de première ligne. Enfin la troisième ligne, à sept à huit lieues de la seconde, ne renfermait que de grandes places dont le polygone était un dodécagone et au-dessus, espacées de quinze à seize lieues, et capables de servir d'arsenal et de dépôt de magasin. Cormontagne a adopté ce système pour le cas à-peu-près hypothétique d'une frontière absolument dépourvue d'obstacles naturels, et il est devenu la base des idées militaires généralement reçues, en admettant cependant les modifications que réclame toute application de règles générales, et qui limitent dans le plus grand nombre de cas et le nombre des lignes et celui des places fortes. Nous allons examiner cette distribution méthodique des places fortes dans le système des grandes armées.

D'abord ces petites places en première ligne,

dont le but est de couvrir les grandes places, ne peuvent servir, vu leur peu de capacité, ni dans l'offensive comme base d'opération pour porter la guerre dans le pays ennemi, ni dans la défensive, car par le système des grandes armées, cernées de toute part, elles seraient réduites à une nullité absolue. L'expérience nous l'a assez prouvé. La seconde ligne me semble beaucoup trop près de la première : celle-ci contenue, l'ennemi se portera de suite sur les places de seconde ligne qu'il menacera en même temps que celles de la première ; la défense ne devra donc être comptée qu'à partir de la seconde ligne. C'est aussi les places de celle-ci qui, par leur capacité, pourront déja favoriser les mouvements des armées actives. En fin, la troisième ligne, formée uniquement de grandes places et à des distances convenables, a toutes les qualités nécessaires pour servir de base aux opérations défensives des armées actives. C'est donc entre ces deux lignes que peut s'opérer la défense ; et l'on conçoit combien cette défense serait bornée, si l'on ne trouvait dans l'intérieur aucun moyen de la prolonger. Un grand état comme la France, exposé par sa position géographique à des invasions de la part de ses voisins, doit établir sa défense sur un plan plus vaste, doit se former des lignes de défense intérieures et

les consolider par des places fortes. Ce ne sont
point de petites places qui doivent être en première ligne, à moins que les localités ne les réclament. Il faut que dès les premiers pas l'ennemi soit obligé de s'arrêter, et il ne peut y être
contraint que par des grandes places. Celles-ci
sont sur-tout essentielles aux points d'où l'on peut
partir pour tenter une ingression sur le territoire
ennemi. Elles donneront la faculté de transporter
la guerre chez lui, et d'opérer la défensive de notre
territoire par une offensive sur le sien ; ce qui est
un grand avantage.

La distance rapprochée établie par Cormontagne entre les places de sa première ligne est
une suite de son système. Il fait de cette première
ligne un cordon d'avant-postes, et leur distance
est calculée sur la nécessité de leurs communications et de leur retour dans un jour. Il prétend
par là arrêter les partis ennemis qui viendraient
lever des contributions dans le pays. D'abord cet
inconvénient des partis serait d'une bien petite
influence sur le résultat général des opérations ;
mais je doute même que cette ligne d'avant-postes
fortifiés en garantissent parfaitement. Ces sortes
de troupes, composées en général de cavalerie et
quelquefois d'infanterie légère, passent par-tout ;
et les garnisons de nos petites places, rentrées

pendant la nuit, crainte de surprise, leur livre-
ront un passage toujours possible entre elles, quel
que soit leur rapprochement. Nos grandes places,
au contraire, pourront lancer contre ces partis des
forces qui se suffiront à elles-mêmes; ce seront
de petits corps d'armées mobiles qui auront contre les partis une bien plus grande action que les
timides garnisons des petites places. Nous n'atta-
chons donc aucune valeur à ce cordon d'avant-
postes fortifiés, et nous n'établissons aucune de
nos places dans le but de cerner la frontière et de
la fermer, pour ainsi dire hermétiquement, par
les places fortes. Nous ne considérons absolument
celles-ci que par rapport aux armées actives, et
elles n'ont nullement besoin de ce rapprochement
excessif qu'on leur donne dans l'ancien système.

Cependant on doit éviter aussi l'excès d'intervalle, et c'est dans cet excès que nous paraît être
tombé M. le général Sainte-Suzanne. Par exemple, il regarde la frontière d'entre la Meuse et la
mer comme suffisamment couverte par les deux
places en première ligne, de Lille et de Mézières,
distantes l'une de l'autre de quarante-sept lieues,
et par Laon en arrière, à trente-trois lieues de
Lille. Sur quelque point qu'aient lieu les opérations de l'armée active entre Lille et Mézières, si
cette armée est battue, Laon sera sa seule re-

traite ; or, comme point de retraite, Laon nous paraît beaucoup trop éloigné du front des opérations. Une armée battue aurait trop à souffrir de l'ennemi dans une retraite aussi longue ; elle lui abandonnerait une trop grande étendue de pays. Il est vrai que M. le général paraît ne pas admettre la possibilité d'aucun mouvement en avant de la part de l'ennemi, ayant sur ses flancs Lille et Mézières. Mais il faut observer, 1° qu'une force ne pouvant avoir d'effet que sur un rayon proportionné à sa grandeur, l'action des garnisons de ces places ne pourrait s'étendre sans danger à la distance nécessaire pour atteindre l'armée ennemie ; 2° que dans cet intervalle de Lille à Laon, l'ennemi peut trouver une position, la fortifier, s'en faire une base d'opération pour marcher en avant et contre les garnisons de Lille et de Mézières ; et ayant ainsi assuré sa ligne d'opération, garanti ses flancs, il continuera sa marche de front, et en cas d'échec, il aura sa retraite assurée sur la position qu'il aura organisée. Il pourra mettre encore à profit contre les garnisons les obstacles naturels, tels que rivières, défilés, forêts, inondations, qui ne manqueront pas de se rencontrer dans un aussi grand intervalle ; et, dans l'exemple qui nous occupe, l'Escaut lui servira contre la garnison de Lille, et les forêts contre celle de Mézières. La même objection peut s'appliquer aux autres points fortifiés dans le système du général Sainte-Suzanne.

En général, il est impossible d'établir de principes fixes pour l'espacement des places de guerre. Leur emplacement dépend des points dont il est important de s'assurer; et le choix de ces points est un des problèmes les plus difficiles de la stratégie. Il faudrait pour le résoudre, dit un auteur, être à-la-fois un Vauban et un Turenne. Mais il est de la plus grande importance, principalement dans le système que nous adoptons des grandes places et des grands intervalles, de ne jamais laisser entre deux places aucun obstacle naturel, aucune position fortifiable dont l'ennemi pourrait profiter contre l'action des places fortes. Dans tous les cas, nous croyons qu'un intervalle de seize, dix-huit, vingt lieues même (si la nature des lieux commande cette distance) entre les grandes places, est suffisant pour les manœuvres des troupes, et n'est pas tellement grand qu'il ne permette l'action des garnisons.

Quant à la manière de les fortifier, depuis Vauban et Cohéorn, un grand nombre d'ingénieurs se sont exercés plus ou moins heureusement à modifier leurs tracés ou à en imaginer d'autres. Il y a, dans plusieurs de leurs systèmes, des idées ingénieuses qui peuvent recevoir leur application dans beaucoup de circonstances ; mais, dans l'état actuel de l'art de l'attaque des places, le tracé de celles-ci, pour présenter le plus d'avantage à la défense, doit être fondé sur l'action des feux de revers dirigés contre les logements de l'ennemi, et sur celle des feux courbes tirés sur ses tranchées. Ces feux doivent être placés dans des casemates à l'abri des ricochets et des feux verticaux de l'ennemi, et celui-ci ne doit pouvoir les battre directement qu'en se plaçant sous l'influence des feux de revers. Un système de fortification qui remplira pleinement ces conditions aura acquis le plus grand degré de force dont soit susceptible la fortification dans l'état actuel de l'attaque, en satisfaisant toutefois aux autres conditions auxquelles est soumise toute bonne fortification.

Si les ingénieurs se sont beaucoup exercés à varier le tracé d'un front de fortification, peu ont donné des idées particulières sur la manière de fortifier l'enceinte d'une place en général, et l'on s'en est tenu jusqu'à présent, à la vieille méthode de former une ligne continue d'ouvrages autour de la place. Je pense que ce système ne doit être appliqué qu'aux petites places comme celles que nous proposons pour fermer des débouchés dans les montagnes, former des têtes de pont sur les rivières, etc. ; mais, à l'égard des grandes places ; il me semble que l'on devrait suivre un tout autre système, et nous hasarderons quelques idées à cet égard.

L'expérience a fait connaître et établit comme principe dans la fortification de campagne, qu'une *ligne* est plus avantageusement fortifiée par des ouvrages détachés que par des ouvrages continus, où un point forcé fait tomber toute la ligne. Ce principe devrait aussi recevoir son application dans la fortification permanente ; lorsqu'il s'agit de fortifier une place d'une vaste enceinte qui peut être comparée aux lignes de la fortification de campagne, puisque dans notre système, des armées entières doivent ou peuvent y combattre. Cependant on fait des lignes continues pour enceindre les grandes places, et l'ennemi pénétrant dans un seul bastion, la ville est prise sans que les autres ouvrages aient rendu d'autres services à la défense, que d'enceindre la place. Ce système appliqué aux grandes places n'est pas le plus avantageux à la défense, et je pense qu'on obtiendrait un plus grand résultat, en formant d'abord autour des villes une enceinte bien simple, composée de longues courtines flanquées par des tours bastionnées, le tout entouré d'un chemin couvert non ricochable, et plaçant ensuite autour de cette enceinte, dans des positions choisies, des forts isolés pour lesquels le système de fortifications continues conviendrait. L'ennemi ne pourra rien entreprendre directement contre la ville, qu'il ne se soit emparé au moins de l'un de ces forts, et celui-ci se défendra d'autant mieux, que sa garnison sera soutenue et renouvelée par celle de la ville, et que cette ville lui servira de réduit. Les forts collatéraux agiront avec une grande efficacité par leurs sorties sur les flancs des attaques de l'ennemi, sans craindre que ces sorties puissent être coupées; après la prise de l'un des forts et de la ville, l'ennemi ne sera pas encore maître de la position; il lui faudra prendre les autres forts les uns après les autres, et au lieu d'un seul siége, il en aura cinq ou six à faire. Ce système peut recevoir une grande force des localités, et je pense qu'il doit être appliqué aux grandes places. Ajoutez aux avantages précédents qui ne tiennent qu'à la fortification, d'autres bien grands encore relatifs aux armées actives : celles-ci trouveraient entre chaque fort un camp retranché bien appuyé et bien soutenu par eux, et une armée dans une pareille position lutterait avec avantage contre des forces dix fois plus fortes (1).

(1) Ceci était écrit lorsque je lus un ouvrage de M. le

Dans le système de défense par les armées appuyées par les places fortes, il est, outre celles-ci, des avantages que présentent l'art et la nature, qu'il faut joindre comme auxiliaires des places fortes, et qui peuvent quelquefois les suppléer et suffire à la défense. Ces avantages sont donnés particulièrement par la fortification de campagne : un système bien entendu d'inondation dans les sols bas et humides va garantir de l'invasion une contrée entière ; couvrir les flancs d'une armée, assurer les derrières d'une position. Une grande forêt, un pays inculte peuvent procurer les mêmes avantages sur d'autres points. Dans les montagnes, la défense peut être restreinte à un petit nombre de points, en fermant les passages sur les autres. Il faut remarquer, à l'égard de celles-ci, que la multiplicité des positions militaires qui s'y rencontrent donne de grandes ressources pour la guerre défensive, lorsque la direction en est confiée à des hommes de génie. Le duc de Rohan dans la Valtéline, le général Lecourbé dans le Jura nous ont laissé des chefs-d'œuvre

général du génie Chasseloup, où la même idée est exprimée. Je suis flatté de m'être rencontré avec un homme d'un mérite aussi distingué que M. le général Chasseloup ; cela ajoute encore à la confiance que j'avais dans la justesse de mon opinion.

dans ce genre de guerre, que l'on doit recom-
mander à la méditation de tous les militaires qui
desirent s'instruire dans leur art. Il faut aussi observer que ce n'est point sur les cimes des montagnes que doivent être établies les places fortes,
la rigueur du climat, la difficulté des communications les rendraient inutiles pendant la saison
des neiges; mais en arrière des hautes chaînes, là
où commencent à s'élargir les principales vallées,
après avoir reçu les vallées secondaires qui s'y
réunissent à mesure qu'elles s'éloignent des som-
mets, c'est là que doivent être établies les places
de dépôt ou d'entrepôt, les bases d'opérations. Les
routes sont aussi d'une grande importance dans la
défense d'un pays. Celles qui pénétrent dans l'intérieur perpendiculairement à la frontière sont
des lignes d'opération naturelles, celles transversales parallèles à cette frontière servent à lier les
opérations des différents corps d'armée, et ont
une utilité plus directe dans les manœuvres. Le
commerce, les besoins des communications les
ont prodigieusement multipliées, principalement
vers nos frontières, mais leur établissement n'a
point été calculé pour les avantages de la défense.
Il serait cependant important que leurs directions passassent sur des positions militaires reconnues favorables à la défense, ou qu'elles pus-

sent favoriser l'attaque de celles dont l'ennemi pourrait se servir, et que l'on n'aurait pu éviter. Les canaux ne sont pas d'une moindre considération pour la défense; ils peuvent, par leurs directions, la favoriser ou lui nuire essentiellement. On voit donc combien il est important qu'il ne s'ouvre pas une seule route, qu'il ne se creuse pas un seul canal, sans que la direction n'en ait été discutée et arrêtée par les ingénieurs militaires pour le plus grand avantage de la défense. Si l'on eût toujours observé cette marche avec rigueur, l'on ne verrait pas un canal, celui de jonction du Doubs au Rhin, qui, dans le premier projet de son auteur, M. de La Chiche, devait améliorer cette partie de la frontière et être très utile à sa défense, mais qui, livré entièrement dans son exécution aux ingénieurs civils, a été tracé sans aucun égard pour ses propriétés militaires, et presque par-tout à l'avantage de l'ennemi. On ne verrait pas aussi ouvrir inconsidérément de nouvelles routes si souvent nuisibles à la défense. Il étoit temps de ramener dans cette partie administrative le mode qui doit conduire à de meilleurs résultats. Le gouvernement a senti toute l'importance de cet objet, et l'établissement de la commission mixte nous garantira à l'avenir de tomber dans de pareilles fautes.

Une dernière question qu'il est important de traiter ici, est celle de garnir toutes ces places que nous établissons pour la défense d'un état, de garnisons de quinze à vingt mille hommes, sans trop affaiblir l'armée active. D'abord je desirerais voir cette armée, pour un état comme la France, portée à trois cent mille hommes. Je la partagerais en trente divisions de dix mille hommes chacune, renfermant dans chaque division tout ce qui est nécessaire à l'action d'une armée, infanterie, cavalerie, artillerie, génie. Les divisions seraient toujours composées des mêmes régiments et commandées par les mêmes officiers; les généraux seraient aussi constamment les mêmes : enfin, un commandant en chef permanent serait désigné pour chaque division. Il s'établirait entre les régiments, entre les officiers, ces liaisons d'amitié, cette confiance réciproque, cette confraternité qui appartient aux réunions d'hommes sous le même intérêt, enfin cette puissance morale qui se transforme en puissance active, et qu'il ne faut pas négliger d'introduire dans les armées par-tout où elle se présente. Ces divisions formeraient, en temps de paix, les garnisons des grandes places; elles y seraient comme dans des camps retranchés, exercées à toutes les grandes évolutions militaires; non pas sur une place ou sur la pelouse

d'un glacis, où l'on apprend à des hommes à pi-
rouetter sur leurs talons comme des automates;
mais en pleine campagne et en leur figurant toutes les grandes opérations de la guerre. Que dans
ces exercices on tienne les bataillons quelques
jours dehors; qu'on les habitue à la marche avec
une grande vitesse, à tout le service militaire qui
se fait devant l'ennemi, tels que reconnaissances,
patrouilles, partis, bivouacs, etc.; qu'on leur ap-
prenne à se garder militairement, à occuper une
position, un village, à forcer un passage, etc.;
que les garnisons entre elles simulent des attaques; qu'elles soient, pour ainsi dire, comme
dans un état de guerre permanent; alors l'on
parviendra à avoir des troupes bien dressées et
des officiers instruits. Ce n'est pas à la guerre
qu'il faut apprendre à la faire, l'instruction en
coûte trop cher. C'est en temps de paix que l'on
forme des soldats, mais il faut les former pour la
guerre, et non pour les parades.

Mais il serait nécessaire de faire précéder ces
exercices par des instructions sur la théorie de la
guerre. Pense-t-on que cette théorie est renfermée
tout entière dans l'ordonnance de 1791 que l'on
apprend exclusivement aux officiers? Tous nos officiers la savent, et beaucoup la comprennent,
mais peu connaissent la vraie théorie de la guerre.

Cet art a ses principes d'où l'expérience tire ensuite les inductions les plus sûres, les vues les plus lumineuses. L'ordonnance seule ne suffit même pas à la pratique de ces hommes destinés par leur nature, à n'être éternellement que des machines mouvantes. Ils n'osent s'élever sans guide et sans appui à des actions brillantes, dans la crainte de s'égarer. Leur médiocrité aimera à trouver dans la théorie les ressources que leur esprit ne leur fournit pas. Quant à ces hommes dont le génie devance souvent l'expérience, la théorie éclairera leur inspiration, fécondera leur imagination et en arrêtera les écarts souvent funestes à la guerre. Il serait donc à desirer que, dans chaque régiment, il y eût un officier du corps de l'état-major spécialement chargé d'y faire, aux officiers, un cours de l'art de la guerre, d'après un ouvrage bien fait, ordonné et arrêté par le gouvernement. Il serait aussi utile, en temps de paix, de proposer des prix pour les meilleurs mémoires fournis sur différentes questions relatives à la défense de nos frontières dans diverses hypothèses. Les officiers s'instruiraient, des idées neuves ne manqueraient pas de jaillir de leurs travaux, et le gouvernement retirerait des lumières utiles de ces sortes de questions. Par exemple, un ouvrage bien fait sur l'art de la guerre, et propre à l'instruction des officiers , mériterait bien l'établissement d'un prix de la part du gouvernement.

Des craintes s'éléveront sans doute sur cette force militaire permanente que nous rendons la première garantie de notre défense. Un grand état militaire est regardé assez généralement comme l'instrument de la tyrannie des princes, incompatible par conséquent avec un système constitutionnel qui en est le frein. Avec cette arme redoutable, les princes peuvent faire taire la loi constitutionnelle, et renfermer tout le gouvernement dans leur volonté. Le dernier gouvernement qui a si long-temps fait peser sur la France la tyrannie militaire, mais qu'il a su couvrir de tant d'éclat que la grandeur en effaçait le crime, ne vient que trop justifier les appréhensions de ces hommes auxquels l'on a entendu crier, dans une intention louable sans doute : *Il ne faut plus d'armée en France.* J'y souscrirais de bon cœur aussi, si ces messieurs, remontant plus haut, ne prononçaient cette proscription que comme corollaire de celle-ci : *Il ne faut plus de guerre en Europe;* ou s'ils nous donnaient la certitude que le patriotisme de ses habitants suffit désormais à la défense de la France. Mais, malheureusement pour l'humanité, le premier ne saurait avoir lieu, et le second n'est

plus dans les mœurs des états modernes. Sans
doute les armées permanentes diminuent l'énergie des peuples qui, se reposant sur cette force du
soin de leur conservation, se livrent à une sécurité léthargique, et perdent cet enthousiasme militaire qui produit les grandes actions. L'histoire
ancienne, par une foule d'exemples, et l'histoire
moderne, par ceux de la Suisse, de la Hollande, de
l'Espagne, des États-Unis d'Amérique, nous prouvent que les résistances les plus opiniâtres ont été
produites par les états qui n'avaient que peu ou
point de forces permanentes, et où la nation entière était obligée de prendre part à sa défense.
Ceci est d'une vérité historique à laquelle on ne
peut se refuser; mais à quels malheurs, à quels
désastres n'exposerait-on pas les nations! à quelle
époque de barbarie ne les reculerait-on pas si,
toujours sur le qui-vive, leur esprit n'était occupé
que du soin de combattre pour leur défense, car,
pour retrouver cet esprit au besoin, il faudrait
nécessairement l'entretenir, même lorsque la nécessité n'en réclamerait pas l'usage, et renoncer,
du moins en grande partie, aux arts qu'une
douce civilisation nous a donnés. Qui oserait af-
firmer alors que cet esprit belliqueux se concen-
trerait toujours à l'intérieur, et n'aurait pas une
expansion au-dehors? Que l'on ne verrait pas se re-

nouveler de nos jours ces flux et reflux des nations
les unes sur les autres, auxquels le génie guerrier
des peuples donnait lieu, dans ces temps qu'à bon
droit nous appelons barbares ? Un état militaire
permanent laisse libre le reste de la nation, dont
l'esprit se porte sur des objets d'utilité et de prospérité publique. Les armées permanentes régula-
risent les opérations de la guerre, et en rendent
les effets moins destructeurs. Avec elles deviennent impossibles ces incursions dont le pillage
et la dévastation étaient l'unique but. Elles ont
été contre ce fléau extérieur ce que l'invention de
la poudre a été contre ces guerres intérieures de la
féodalité, fléau non moins barbare que le premier,
et qu'elles ont contribué également à anéantir.
Lorsque le prince put entretenir une armée permanente, nul grand vassal ne put lutter contre
lui, et la poudre fit tomber ces châteaux féodaux
qui ne pouvaient plus résister aux nouvelles armes destructives, et rendit impossible à de simples
seigneurs la construction de places fortes capables
de cette résistance.

L'exemple de l'Angleterre et des États-Unis a
été allégué par les partisans de la proscription des
armées permanentes. Je crois que nous invoquons
en général beaucoup trop l'exemple de l'Angleterre. Nous voulons trop souvent faire à la France

l'application d'institutions qui ne conviennent qu'à l'Angleterre. Nous ne tenons compte ni de la position locale, ni du caractère des habitants, ni du climat, essentiellement différents dans l'un et l'autre pays. Observons donc, relativement à la défense, qu'il y a une immense différence entre la position de l'Angleterre et la nôtre, même entre nous et les États-Unis d'Amérique. Ceux-ci, quoique faisant ainsi que nous partie d'un vaste continent partagé entre plusieurs peuples, ne sont point comme nous entourés de voisins puissants, dont ils aient à craindre les incursions subites. Les grands coups qui les menacent partent d'au-delà des mers, et, sous ce point de vue, ils sont à-peu-près dans la même situation que l'Angleterre ; mais il est à croire que si l'Amérique entière, se peuplant et se civilisant, donne aux États-Unis des voisins puissants et belliqueux, ils auront leur état militaire permanent comme les puissances de notre continent ont les leurs.

L'Angleterre est un état considérable au milieu des mers. Forte de sa position, de son industrie, de ses institutions, elle brave avec hauteur la menace et l'opinion du continent ; sans redouter ni l'une ni l'autre, elle méprise la première et dirige souvent la seconde. Elle organise les orages dans son sein, et les souffle sur le continent où ils viennent éclater. Maîtresse chez elle, elle ne reçoit point de ces influences *armées* auxquelles les états du continent se trouvent exposés de la part des étrangers dans leurs institutions. Liée et séparée du monde entier par la mer, elle voit venir son ennemi de loin. Celui-ci a devant lui un large fossé flanqué par des flottes innombrables, qu'il lui faut franchir avant de monter à l'assaut sur ses bords. Le passage de cet immense fossé, quoique nous soyons sur la contrescarpe, ne peut se préparer que de longue main. Il est impossible d'en masquer les dispositions à l'Angleterre attentive à ce qui la menace. Tout sera prêt pour recevoir l'ennemi, et le danger doublera ses moyens de défense, comme on l'a vu en 1804, lors du camp de Boulogne, dont les forces étaient d'abord dirigées contre elle.

Il n'en est pas de même de la France. En contact immédiat avec tous ses voisins, ses frontières, dans l'état de mutilation où les ont mises les derniers traités de paix, sont vulnérables sur un grand nombre de points, et la France de toute part peut être surprise par les armées permanentes de ses voisins, avant d'avoir pu se mettre en défense. Il faut donc une première résistance qui lui donne le temps d'organiser ses moyens, d'appeler ses militaires vétérans, dont nous parlerons bientôt, de soulever la nation entière, si besoin est, et si nous voyons jamais renaître chez nous cet enthousiasme patriotique qui range toute une nation sous les drapeaux de son indépendance. Ces considérations prouvent suffisamment le besoin qu'a la France d'entretenir une armée permanente et de la porter au degré de force que réclame sa position au milieu des puissances armées de l'Europe.

A l'égard des craintes dont s'appuient les partisans du système contraire, nous leur répondrons que, puisqu'une armée permanente est nécessaire à notre indépendance politique, ce n'est point sur le défaut de cette armée que nous devons fonder les moyens conservateurs de notre indépendance civile, mais bien sur de bonnes et vigoureuses institutions législatives. Que tout souverain qui transgresserait les lois et opprimerait la nation à l'aide de la force, lise sa condamnation dans l'histoire même de ces derniers temps. La force militaire est un instrument destructible; quiconque s'appuie dessus risque de tomber dès qu'il lui manque. La force civile a d'autant plus de puissance qu'elle repose sur la nation entière, attachée à ses institutions; elle devient alors puissance morale, et en acquiert toute la force. Or, la puissance de l'état doit être appuyée sur le dé-

veloppement entier des forces morales de la nation.
L'opinion est une de ces puissances morales qui peut
faire le soutien ou la ruine des trônes. Elle a d'autant plus d'action, qu'elle attaque par-tout ; mais
agissant sans se découvrir, on ne sait où la prendre
pour la combattre, et l'on fait de vains efforts pour
l'anéantir. C'est la vague qui use le rocher qui s'oppose à son expansion. Les souverains doivent donc
marcher avec l'opinion et s'appuyer sur la force
civile, c'est-à-dire sur les institutions législatives.
Leurs trônes alors ne seront plus à la disposition
du sort, ne dépendront plus de talents éventuels
que la nature quelquefois prodigue, mais souvent refuse, et qui ne sont pas moins à craindre
pour le bonheur des nations, soit qu'elle en soit
libérale ou qu'elle en soit avare.

Mais reprenons la question des garnisons de
nos places fortes. Les petites places seront occupées par des détachements des corps, dont l'instruction n'en sera encore qu'aux détails ; mais elles
rentreront dans les grandes places, aussitôt qu'ils
seront en état de suivre les grandes évolutions.
Dans tous les cas, on alternera les détachements
qui formeront les garnisons de ces petites places,
afin que les officiers et les soldats ne perdent pas
l'instruction des grandes.

En temps de guerre, les divisions quitteront

leurs garnisons, se réuniront en corps d'armée pour entrer de suite en campagne; elles seront remplacées par ces militaires vétérans qui, après avoir satisfait au temps de service actif exigé par la loi du recrutement, restent encore cinq ans dans leurs foyers à la disposition du ministre de la guerre (1). Cette heureuse idée d'avoir une réserve au moment du besoin, qui ne coûte rien à entretenir, livre des bras à l'agriculture, satisfait l'amour de l'homme pour le toit qui l'a vu naître, en l'en éloignant le moins possible, double nos forces, et s'adapte sur-tout avec un grand succès à la défense des places fortes. Ils y seront donc promptement appelés, et y recevront l'organisation nécessaire pour leur action, non seulement comme garnison, mais encore comme corps d'armée. Des dépôts d'armes seront placés sur différents points de la frontière, d'où on les distribuera dans les différentes garnisons aux militaires vétérans; mais les arsenaux qui fourniront à ces dépôts seront tous dans l'intérieur de l'état. L'armement du soldat d'infanterie destiné à la dé-

(1) C'est à regret que l'on a vu M. le maréchal Saint-Cyr quitter le ministère avant d'avoir assuré l'organisation de cette force permanente si essentielle à la défense de la France. Ce serait un malheur pour l'état si cette idée demeurait sans exécution.

fense des places ne consistera que dans son fusil
et sa giberne; son habillement en une veste, un
pantalon, des guêtres, des souliers et une cas-
quette. On fera des levées de chevaux pour monter
quelques cavaliers et traîner l'artillerie; enfin on
organisera ces garnisons pour leur donner, en cas
de besoin, toute l'action d'une armée.

Mais il est à pourvoir encore à la sûreté de nos
places, lorsque ces garnisons sortiront en tout ou
en partie, pour faire le service d'armée active.
Cette sûreté se trouvera dans leurs habitants
mêmes organisés en gardes nationales. Autrefois
les habitants défendaient eux-mêmes leurs villes,
et ils l'ont fait souvent d'une manière digne d'être
transmise à la postérité. Ne soyons étrangers à
aucun genre de gloire; unissons les lauriers de
Sagonte et de Numance à ceux d'Issus et d'Ar-
belle; donnons pour cela à notre garde nationale
une organisation qui soit en rapport avec la défense des places fortes; enfin ne négligeons pas
les partisans. Fournissons à nos paysans les
moyens de s'armer, de se réunir, de se retirer
sous la protection des places fortes; donnons-leur
des chefs qui les dirigent; leur action contre l'ennemi rendra de grands services à la défense. C'est
enfin en réunissant tous ces éléments d'une bonne
défense, que nous pourrons résister avec avantage

aux invasions des grandes armées, fussent-elles encore de toute l'Europe contre nous.

Il est bien entendu que l'on ne tiendra au complet que les garnisons des places qui seraient menacées par la marche de l'ennemi ou que l'on jugera devoir servir aux manœuvres de l'armée active; les autres n'auront de garnison que ce qui sera nécessaire à leur garde, et ces garnisons seront formées de quelques détachements de militaires vétérans et des gardes nationales des villes mêmes.

Le gouvernement doit apporter une attention scrupuleuse dans le choix des gouverneurs auxquels il confiera la défense des places fortes; trop souvent ces places sont données à la faveur, et la faveur tombe presque toujours sur la nullité. Les gouverneurs des places peuvent être pris dans toutes les armes, pourvu que leur caractère, leur énergie, leur activité et leurs talents répondent à la confiance du gouvernement; ils resteront souvent découverts et abandonnés à eux-mêmes par les manœuvres de l'armée active. Qu'ils soient bien convaincus alors de l'importance de leurs devoirs; qu'ils sachent que de leur résistance dépend le salut de l'armée active et de l'état lui-même, et qu'un gouverneur n'acquiert pas moins de gloire et de droit à la reconnaissance de la nation en défendant bien une place, qu'un maréchal en gagnant une bataille. Souvent celle-ci n'est due qu'aux hasards, une belle défense est presque toujours l'effet des grands talents de celui qui l'a dirigée. Bayard, Chamilly, Masséna, Barbanègre se sont illustrés dans la défense des places, et ils resteront toujours comme modèles dans les annales militaires.

On objectera peut-être contre le système que je propose d'étendre la défense jusque dans l'intérieur des états, que peu de puissances seront assez riches pour créer et entretenir une pareille quantité de places fortes : que le plus souvent la défense intérieure ne pourrait s'établir et se conserver qu'aux dépens de celle des frontières, la plus essentielle sans doute et la première à organiser. Je conviens de cette observation, mais le système n'en reste pas moins bon pour les états qui, comme la France, renferment en eux de grands moyens et tant de sources de prospérité. Les états doivent proportionner leur défense à leur richesse : tel état ne pourra entretenir qu'une seule ligne de places fortes sur sa frontière, d'autres étendront à deux lignes de places leur défense permanente ; d'autres encore pourront y joindre sur les principales avenues de la capitale, à 20 ou 25 lieues en avant de celle-ci, de grandes

places qui seront les points extrêmes de leur dé=
fense ; d'autres enfin n'arrêteront point cette défense à leur capitale, ils trouveront en arrière de
celle-ci des moyens défensifs qui pourront ravir à
l'ennemi les fruits de ses premiers succès ; alors son
système de défense sera complet. Mais c'est aux
gouvernements à calculer sur leurs moyens l'é-
tendue qu'ils peuvent donner à la défense permanente de l'état. Dans tous les cas, il est bien certain
que plus elle sera étendue, plus elle sera assurée
toutes les fois cependant qu'elle sera en rapport
avec la richesse et avec la population du pays.

~~~~~~

Application de la théorie précédente à l'organisation de la défense permanente de la France par les places fortes.

Avant d'entrer dans le détail de l'organisation défensive de la France par les places fortes, jetons un coup d'œil rapide sur les puissances qui l'entourent.

Au nord nous trouvons la Belgique. Cette province, autrefois à l'Autriche, en était trop éloignée pour en être solidement protégée ; mais elle avait l'avantage de donner à cette puissance une seconde ligne d'opération contre nous, et de rapprocher beaucoup de la capitale le front de ses opérations offensives. Par les derniers traités, la Belgique a été donnée à la Hollande pour ne pas la laisser à la France à laquelle elle est si avantageuse par son port d'Anvers, par les cours navigables de ses fleuves, de ses canaux, par l'augmentation de cette frontière du nord si rapprochée maintenant de la capitale, et enfin à laquelle ses intérêts, son industrie qu'elle avait associée à la
~~~~~~

nôtre, sa langue, sa religion, son esprit public, semblent la rattacher. Elle a pour la Hollande l'avantage de lui donner, contre nous, une frontière organisée qu'elle n'avait pas. Celle-ci a été autrefois une puissance assez formidable pour balancer l'empire des mers avec l'Angleterre et la France; elle était alors d'un grand poids dans les affaires du continent. C'est à son commerce, ses colonies, sa marine qu'elle a dû ce moment de splendeur. Mais ce n'est plus cette puissance qui avait arrêté la fortune de Louis XIV, et su, après quinze ans de résistances et de supplices, s'affranchir du joug despotique de Philippe II. Elle a perdu une partie de ses colonies; ses ports ne peuvent recevoir des vaisseaux de la force de ceux que la marine militaire met maintenant en mer. Elle n'est plus puissance maritime. L'entretien de ses digues l'épuise, elle ne peut se soutenir que par l'intérêt des autres puissances à la conserver. Cette sorte de dépendance la rendra complaisante envers eux, et nous la verrons toujours entrer dans les coalitions qui se formeront contre nous, surtout lorsqu'elles seront dirigées par l'Angleterre, car c'est en Belgique que les Anglais prennent terre pour venir nous combattre. Ce sont eux, c'est par leur ordre et avec leur argent que se fortifient les places de la Hollande; enfin l'Angleterre exerce dans ce moment sur cette contrée une sorte de patronage qui la lui rend comme propre. C'est sur la France que se feront tous les agrandissements que tentera la Hollande : car les intérêts de ces deux puissances sont en hostilité permanente. La Hollande connaît de quel intérêt serait pour nous la possession de la Belgique. Elle sait combien les vœux de cette province nous y rappellent. La France est donc dans une position, à l'égard de la Hollande, qui doit toujours être envisagée comme hostile par cette puissance ; et c'est pour cela sans doute, autant que pour maintenir la Belgique, qu'elle regarde et qu'elle traite comme une nouvelle conquête, que les places de cette province se fortifient avec tant de soin.

Les deux grandes puissances qui se partagent actuellement la suprématie politique de l'Allemagne, la Prusse et l'Autriche, sont celles que nous devons considérer comme limitrophes de la France, du Nord-Est à l'Est jusqu'à la Suisse, parceque ces puissances entraîneront dans leur cause les autres petits états intermédiaires qui iront se perdre dans la masse générale. Ces petits états moins nombreux qu'autrefois, mais agrandis par nous, sont aussi plus forts. Cette force est établie sur un état militaire permanent, sur des constitutions plus fortes qui leur donnent une puissance d'action qu'ils n'avaient pas autrefois. La réunion de tous ces états forme la confédération germanique, semblable par le but à l'ancienne confédération dont de grands événements ont amené la dissolution, mais qu'on se dispose à reformer sur de nouveaux principes qui doivent la soumettre à une plus grande unité d'action, et la rendre pour ainsi dire plus compacte. Quel que soit le bien qui résultera pour les peuples germaniques de la réunion politique de tous ces petits états indépendants, dans lesquels l'Allemagne se trouve morcelée, elle deviendrait, si cette union était indissoluble, fatale à la France par la quantité de peuples bien consolidés qu'elle réunirait contre elle. Sans doute un jour l'intérêt particulier viendra à relâcher quelques uns des liens qui maintenant semblent les unir, et nous chercherons des chances heureuses dans ces intérêts opposés ; mais nous avons trop bien appris aux peuples de l'Allemagne que leurs divisions et leur défaut d'ensemble les livraient aux entreprises de la France, pour qu'ils ne resserrent pas le plus possible leur union. Ainsi nous devons donc nous attendre à voir se renouveler sur cette frontière les luttes terribles qui depuis tant de siècles ensanglantent ce pays : l'Orient et l'Occident de l'Europe viendront encore s'y heurter avec des armées innombrables.

La Prusse nous touche aussi au Nord. Cette puissance, dont naguère le chef comptait à peine parmi les princes souverains de l'Allemagne, s'est placée par le génie d'un seul homme au rang des principales puissances du continent. Ses acquisitions en Pologne, en Saxe, et sur la rive gauche du Rhin, lui donnent maintenant une prépondérance marquée dans la balance politique des états de l'Europe. Mais la disposition particulière de son territoire affaiblit sur quelques points la force positive de cette puissance. Sa grande étendue en longueur sans épaisseur lui ôte cette solidité qui n'appartient qu'aux masses compactes; et par ces pointes avancées par lesquelles elle pénètre sur les territoires de ses voisins, elle ressemble à de longs bras qui n'ont point de corps. Cette disposition la rend faible à l'égard du reste de l'Allemagne à laquelle elle prête par-tout le flanc. Son intérêt doit donc la porter à s'agrandir, plutôt aux dépens des états de l'Allemagne qu'aux dépens de la France. Elle se présente au contraire de front à celle-ci, et c'est vis-à-vis de nous qu'elle est dans la position militaire la plus favorable. Quant aux intérêts de la France à l'égard de la

Prusse, la ligne du Rhin, les cours de la Moselle et de la Meuse mettent la France dans la même situation vis-à-vis de la Prusse, que le cours de l'Escaut et la Belgique la mettent vis-à-vis de la Hollande. Les départements de la rive gauche du Rhin, ainsi que la Belgique, en donnant à la France des limites naturelles, sont, sous le point de vue militaire, du plus grand intérêt pour cette puissance. Si on examinait leur importance sous le point de vue commercial, l'intérêt ne serait pas moindre, mais cet examen sortirait du sujet que je traite. Un intérêt commun réunira donc toujours contre nous la Prusse et la Hollande; et l'Angleterre, qui ne consentira jamais à nous voir possesseurs des ports d'Ostende et d'Anvers, se joindra toujours à ces deux puissances, dans toutes leurs guerres contre la France.

L'Autriche ne peut plus concevoir de projets pour asservir la liberté de l'Europe, trop de grandes puissances se sont élevées autour d'elle. Elle ne renferme plus le chef de l'empire qui lui donnait la suprématie législative sur le reste de l'Allemagne, mais elle a conservé la suprématie politique que lui donne encore la grandeur de son territoire et sa force militaire. Les acquisitions immenses que cette puissance a faites en Italie par le dernier traité de paix ont suffisamment compensé les anciennes provinces de l'Alsace, de la Lorraine et de la Belgique qu'elle a autrefois possédées. Militairement parlant, les deux premières lui étaient d'une grande utilité contre la France, en couvrant le passage du Rhin. Ce n'est qu'après des guerres longues et pénibles que celle-ci est enfin parvenue à ajouter l'Alsace et la Lorraine à son territoire. Elles sont, ainsi que la Belgique, d'une extrême importance pour la France; leur possession est absolument défensive, et n'a rien d'hostile de notre part contre l'Allemagne; mais, réunies à celle-ci, elles deviendraient tout hostiles contre la France. Séparées par de petits états, la France et l'Autriche ne peuvent avoir d'action l'une sur l'autre par des motifs d'agrandissements, mais seulement par des motifs politiques. C'est dans la Servie, dans la Pologne, c'est aux dépens de la Turquie et de la Russie, c'est sur-tout en se rapprochant de la Méditerranée, que l'Autriche trouvera les accroissements qui seront les plus convenables à ses vrais intérêts.

De l'Alsace à la Méditerranée, la France touche à la Suisse et aux états de Sardaigne. Pour prix de sa condescendance, la Suisse a acquis quelques cantons, mais la Sardaigne s'est beaucoup plus accrue. Elle ajoutera un grand poids,

et par sa position géographique qui tient les portes de l'Italie , et par sa force absolue , à la puissance qui l'aura pour alliée.

La Sardaigne n'agira jamais seule, elle s'appuiera toujours d'une grande puissance. Si la
France n'est pas ambitieuse, la Sardaigne aura
plus à craindre de l'Autriche que de nous, et son
intérêt nous la donnera. Dans tous les cas, elle
ferme l'Italie à la France, et il ne sera jamais de
son intérêt de nous y laisser rentrer, ni comme
ennemis, ni comme alliés; et les craintes qu'elle
aura à cet égard la rapprocheront toujours de
l'Autriche.

Quant à la Suisse, elle n'avait pas eu jusqu'à
nos jours une grande influence extérieure sur les
affaires de l'Europe. Toujours en garde contre les
ressentiments de l'Autriche dont elle secoua le
joug au quatorzième siécle, elle s'appuyait de la
protection de la France; aussi était-elle notre plus
ancienne et plus fidéle alliée. Elle jouissait depuis
long-temps d'une sorte d'inviolabilité, et cette inviolabilité couvrait une portion de nos frontières.
Les révolutionnaires ont impolitiquement troublé
les paisibles cantons suisses, et ceux-ci nous ont
appris que leur territoire n'était pas inviolable.
En cas de guerre contre l'Allemagne, l'ennemi
cherchera tous les moyens de s'assurer du passage

du Rhin à Bâle, et Bâle le lui livrera, tout en ayant l'air de n'avoir cédé qu'à la force. La France doit en user de même par rapport à Bâle, si les négociations ne réussissent pas ; enfin par tous les moyens possibles, politiques ou militaires, elle doit s'assurer de ce passage important. Huningue autrefois donnait un grand poids aux négociations de la France, pour obtenir la neutralité de la Suisse. Et si cette neutralité était violée, ce que l'Allemagne pouvait faire sans trop craindre le ressentiment de la Suisse, Huningue empêchait l'ennemi de faire à Bâle ses dépôts, ses magasins, ses hôpitaux, enfin d'en faire sa base d'opération. Mais la destruction d'Huningue livre la Suisse à la politique de l'Allemagne. Elle n'est pas moins importante à cette puissance qu'à la France, en lui donnant contre celle-ci une ligne d'opération beaucoup plus rapprochée de celles qui lui sont propres, que la Savoie et le Piémont. Beaucoup d'intérêts rattachent la Suisse à la France, des rapports intimes lient tellement ces deux puissances, que les commotions politiques de la France se font souvent sentir sur la Suisse. Beaucoup d'intérêts la rapprochent aussi de l'Allemagne, où elle répand les produits de son industrie. C'est donc à une politique adroite à nous conserver l'alliance de la Suisse, ou du moins à nous ménager sa neutralité, car elle ajoutera plus à notre force de position par sa neutralité, qu'elle n'ajouterait à notre force absolue par son alliance. La Suisse, pas plus que la Sardaigne, ne nous attaquera seule; elle ne le fera que par l'alliance de l'Autriche. Mais la position de flanc de ces deux états contre la France donne des lignes d'opérations contre celle-ci d'autant plus dangereuses, qu'elles pénètrent dans le cœur même du royaume, et tournent toutes nos lignes de défense, comme nous le verrons ci-après.

Au-delà des monts nous trouvons l'Italie. Cette célèbre et malheureuse contrée a été long-temps le théâtre des guerres les plus sanglantes de l'Europe, dont le résultat a toujours été pour elle de recevoir un joug étranger. Après avoir subjugué le monde, elle est depuis long-temps le jouet de la fortune, qui tantôt y fait dominer une puissance, tantôt une autre. Oserions-nous prononcer que la lutte est terminée, et que la vive et spirituelle nation italienne trouvera son repos sous le lourd bâton germanique? Le génie de cette nation, son industrie, son sol, les arts dont elle fut le berceau, son énergie, que le morcellement de son territoire, l'indifférence sur son état politique, résultant de l'habitude du changement de maître, et son esprit trop monacal, avaient étouffée, mais

que l'on a vue se relever avec l'instant d'indépendance que nous lui avions donné, doit faire présumer que si toutes les nations italiennes, depuis
les Alpes jusqu'à Naples, et depuis Gênes jusqu'à
Venise, ne formaient qu'un seul empire, il se
mettrait bientôt au rang des premières puissances
de l'Europe. L'intérêt et le repos de l'Europe y
trouveraient peut-être leur compte, mais à coup
sûr l'Italie y trouverait le sien.

Au midi de la France nous trouvons l'Espagne.
Cette puissance, qui a montré tant d'énergie dans
sa défense, eût eu besoin de repos, d'une bonne
organisation qui entretînt ce nouveau degré de
vie et de force qu'elle avait acquis, d'un bon système politique pour réparer ses pertes et ses malheurs ; mais elle n'a rien de tout cela. Déchirée à
l'intérieur par de fréquentes insurrections, elle
achève de s'épuiser à l'extérieur contre ses colonies qui lui échapperont ; elle se fondra dans ses
couvents, et son système anti-libéral n'en fera
jamais qu'une péninsule du continent, au moral
comme au physique. Elle a assis de nouveau les
Pyrénées entre l'Europe et elle. Si cette puissance
conserve encore son énergie pour sa défense, on
peut prévoir que de long-temps elle ne s'élévera
au point de prospérité, de population et de force
qui lui permettrait d'entreprendre contre ses voi-

sins (1). Elle sera une alliée de nous ou de nos ennemis; et dans ce dernier cas, ses opérations tout-à-fait isolées, ne se liant d'aucune manière avec celles des autres puissances, et éloignées de la capitale, ne seront pas très dangereuses pour la France; ce sera tout au plus une simple diversion. D'ailleurs l'Espagne présente comme un continent à part dont les intérêts n'ont presque rien de commun avec le reste de l'Europe, si ce n'est contre l'Angleterre.

Par-tout où nous touchons à la mer, nous touchons à l'Angleterre. Cette puissance n'aspire pas à devenir puissance continentale, elle sait qu'elle affaiblirait par là sa force maritime, en détournant l'esprit de la nation vers d'autres combinaisons que celles de son commerce et de sa marine. Il lui suffit d'avoir un pied à terre sur le continent, à sa proximité ou à sa convenance, pour y jeter les armées qu'elle destine contre nous, ou pour les recruter des déserteurs et des vagabonds de l'Allemagne et des autres pays. La Belgique, qu'elle a fait donner à la Hollande, sans

(1) Ceci a été écrit long-temps avant les derniers événements survenus en Espagne, dont on ne peut encore calculer les résultats ni l'influence qu'ils peuvent avoir sur la force politique et militaire de cette puissance.

doute en indemnité de ses colonies qu'elle garde, sera toujours à sa disposition pour y recevoir ses armées, et le Hanovre lui suffit pour les recruter. Celui-ci a encore un grand avantage pour elle : comme électeur de Hanovre, le roi d'Angleterre est membre de la confédération germanique, ce qui lui donne plus de facilité d'en mouvoir l'esprit suivant ses intérêts. Mais l'Angleterre veut l'empire des mers et l'universalité du commerce à l'exclusion des autres. Elle peut se flatter d'avoir en ce moment l'un et l'autre. Mais la position géographique de la France, son industrie, ses manufactures qui prennent un essor si rapide, et pour la prospérité desquelles elle doit desirer des débouchés plus nombreux, la conduiront nécessairement à la juste ambition de partager avec l'Angleterre et l'empire des mers et le privilége du commerce. De là naîtront encore des guerres semblables à celles que les jalousies de ces deux puissances ont excitées, et qui les ont mises aux prises sur terre et sur mer, dans l'ancien et dans le nouveau continent. Le but de l'Angleterre contre nous ne sera donc pas de faire un établissement permanent sur notre sol, elle sait qu'elle n'y resterait pas long-temps. Ce qu'elle prendra sur nous, elle le donnera à d'autres qui se chargeront de le garder ; mais elle tentera de détruire nos établissements maritimes, de ruiner nos comptoirs. Elle se présentera par-tout en concurrence avec nous, nous fera donner l'exclusion par son ascendant ou ses intrigues ; elle fera une guerre politique à notre commerce. Or, quant à celle-ci, c'est aux ministres à la soutenir et à savoir y remporter des avantages.

La Russie, quoique placée pour nous aux limites de la sphère politique du continent, n'en a pas moins une influence que les guerres de la révolution et les derniers résultats de ces guerres ont immensément étendue, et qui se fait sentir sur tous les états de l'Europe. Avant même que notre frontière politique eût été portée jusqu'au Niémen, nous avons eu dans toutes nos guerres les Russes à combattre. En Hollande, en Italie, en Autriche, en Prusse, ils faisaient toujours la principale partie des forces de nos ennemis. Mais la Russie, séparée de nous par l'Allemagne entière, était loin de prévoir qu'elle dût un jour redouter pour elle-même. Des intérêts éloignés et plus encore l'or et les séductions britanniques la firent entrer dans les coalitions du continent contre la France. Bientôt l'ambition de celle-ci, l'intérêt qu'elle prit au rétablissement de la Pologne, le projet assez ouvertement manifesté de rejeter les Russes au-delà de l'Europe et de détruire ce colosse dont le poids semblait porter le centre de la politique européenne hors de la France, fit prendre à la Russie une part plus active dans la guerre, jusqu'à ce qu'enfin elle en devint elle-même l'objet principal. Mais toute cette politique gigantesque qui nous a donné la Russie pour ennemie n'existe plus et ne peut plus exister. Nos vues ne peuvent plus s'étendre aussi loin, et nous ne devons voir désormais dans la Russie qu'une puissance que la disposition actuelle du continent nous donne naturellement pour alliée. Il est de son intérêt que la France soit forte, grande, indépendante et politiquement libre. Situées l'une et l'autre aux deux extrémités du continent, ces deux puissances peuvent maîtriser, par leur union, les puissances jalouses et ambitieuses qui les séparent. Sans avoir rien à redouter l'une de l'autre, c'est à leur union que tient désormais la tranquillité de l'Europe.

Mais ce repos de toutes les nations européennes veut qu'un certain équilibre politique existe sur le Continent. La France et la Russie, placées comme deux poids aux extrémités de la balance, semblent destinées par leurs forces et leurs influences à maintenir cet équilibre; mais l'on sent que si le point de suspension fléchissait sous ces poids, la balance serait bientôt rompue et le Continent emporté dans de nouveaux bouleversements. Ce point de suspension est dans l'Allemagne et l'Angleterre. La première a une force militaire, mais n'a pas d'argent ; l'Angleterre a des richesses, mais manque de soldats, par une répartition inégale de force et de richesses entre ces deux puissances ; elles se complétent l'une par l'autre. L'on voit donc que les richesses de l'Angleterre entrent pour beaucoup dans l'équilibre politique du Continent. Il serait même difficile de calculer le mal que produirait en Europe l'entier anéantissement de la prospérité de l'Angleterre ; non seulement l'industrie, les arts, le commerce en souffriraient, mais le repos du monde en serait compromis. L'Angleterre semble avoir été séparée du reste du monde pour être la conservatrice du commerce et de l'industrie, exposés sur le continent à être sans cesse détruit par le fer et par la flamme. Tout en reconnaissant cette vérité, voyons s'il est nécessaire, pour avoir cette heureuse influence, que l'Angleterre attire à elle seule les sources de prospérités qui ont été créées pour tous. Loin de reconnaître cette nécessité, nous y trouverons au contraire la cause des troubles qui peuvent encore long-temps agiter l'Europe. L'Angleterre a des moyens et une marine immenses ; elle va explorer le monde et nous en apporte les richesses ; elle le fait d'une ma-

nière qui, au premier coup-d'œil, semblerait plus
avantageuse, que si le commerce maritime, ré-
partis également entre toutes les nations qui peuvent y prendre part, était abandonné à des combinaisons étroites et restreintes par le défaut de
moyens. Envisagée ainsi, la question du commerce
exclusif semblerait favorable à l'Angleterre. Mais
cet avantage est plus spécieux que réel, nul doute
que la concurrence, l'émulation, l'avidité iraient
au-delà même de ce que peut l'Angleterre, limitée
dans sa population. Il est impossible qu'une population de douze millions d'individus embrasse le
monde. Ainsi la terre serait mieux explorée, le
commerce plus actif, et les richesses, mieux répar-
ties, feraient le bonheur d'un plus grand nombre
d'individus; le génie fermentescible des peuples
trouverait un aliment; il s'agite maintenant dans
un espace trop resserré, il déborde, et les gouvernements en souffrent. Cette dernière considération
est majeure, et ne paraît pas être assez sentie des
souverains de l'Europe. L'Angleterre resserre le
Continent dans ses limites, elle nous rejette sur
notre sol et ne nous permet aucun mouvement ex-
centrique. Cependant la formation de nouvelles
colonies est indispensable aux états de l'Europe.
La population y croît dans une alarmante progres-

sion; il faut aux nations les moyens d'en évacuer
le trop plein. La difficulté de gouverner les peuples
croît avec l'augmentation de la population, celle-
ci peut même entraîner la ruine des gouvernements; trop d'ambition, trop de vices s'élèvent au
milieu des grandes populations, lorsqu'elles ont
des ressources trop bornées; il y a un excès de rameaux dans l'arbre, il devient nécessaire d'en éla-
guer les branches parasites, pour donner de la force
et de la vigueur au reste. Mais est-ce donc toujours
par des guerres continentales, qui mettent souvent
en question l'existence des nations et qui toujours
sont un fléau pour l'humanité, que l'on occupera la
fermentation d'esprit qui s'empare trop souvent des
individus, lorsque leurs contacts sont trop multipliés et trop rapprochés. Rejetons de nos conseils
une politique aussi barbare; que le Continent, semblable à Saturne, ne dévore plus ses propres enfants, portons-nous au-dehors. Qui douterait que
les croisades n'aient donné aux gouvernements les
siècles d'existence que nous leur avons vus, et qui
douterait que maintenant encore des expéditions
coloniales, des établissements sur des terres étrangères ne fussent pas le plus sûr remède aux dan-
gers qui semblent menacer les nations et les gouvernements par l'excès de la population? Si les
peuples trouvent dans les colonies une source de

richesse et de force, les souverains doivent y voir
un moyen de tranquillité pour leurs gouvernements. Qu'ils songent donc à leurs intérêts; qu'ils
forcent les Anglais à souffrir des concurrents à la
terre dont le sol est offert à tous; que ceux-ci, ab-
jurant leur excessive ambition, leur vain titre de
dominateurs des deux mondes cessent de frapper de
mort le Continent, sous le spécieux nom de repos;
qu'embrassant des sentiments généreux, ils favorisent ces établissements lointains, au lieu de s'y
opposer par un retour trop égoïste vers leurs intérêts et par un abus trop machiavélique de leur
puissance. C'est alors qu'ils feront aimer cette puissance qui ne se fait encore sentir que par l'oppres-
sion et l'asservissement politique des nations; c'est
alors qu'elle deviendra l'objet de la reconnaissance
des peuples et de l'admiration de la postérité. Mais
l'Angleterre est loin de tant de générosité; au lieu
de favoriser de nouvelles colonies, elle retient celles
de toutes les nations. Si elle persiste dans ce système, qui, depuis long-temps formé, est suivi par
elle avec tant de constance, peuples et souverains
du Continent, qu'un même intérêt vous unisse,
cessez ces querelles inutiles, qui ont pour résultat
ordinaire de vous livrer à l'Angleterre; c'est sur
elle qu'il faut frapper, là est votre véritable en-

nemie ; élevez contre elle le cri de Caton contre Carthage, qu'il soit le *Dieu le veut* d'une nouvelle croisade européenne.

Nous voyons, d'après ce qui précède, que la France est entourée de puissances qui ont toutes plus ou moins d'intérêt à la contenir, et que nous avons plus ou moins d'intérêt à attaquer. Le moment de la lutte n'est sans doute pas encore arrivé ; les peuples réclament leur bonheur avant de réclamer leurs intérêts et leur gloire ; et dans l'état actuel des dispositions du Continent, c'est vers les institutions qui doivent fonder le bonheur des peuples que les gouvernements ont à diriger leurs soins. Les nations y puiseront une nouvelle énergie, une nouvelle force ; la France s'offre en preuve de cette assertion. Les guerres se ressentiront de cette énergie des peuples, et les luttes seront sanglantes. Des combinaisons politiques associeront ou sépareront les différentes puissances ; mais leur réunion contre la France donnera toujours à celle-ci une position défensive peu avantageuse par le grand nombre de lignes d'opération qu'elles pourraient diriger contre elle , et par la faculté qu'elles auraient d'en changer. La France n'est pas dans une position d'attaque aussi favorable. Elle n'a par elle-même qu'une seule ligne d'opération contre chacun de ses ennemis; elle ne peut en obtenir plusieurs que par ses alliances avec quelques puissances du second ordre. Il est d'un grand intérêt pour elle de se ménager ces sortes d'alliances, non pas autant pour la force absolue qu'elles ajouteront à la sienne que pour l'avantage qu'elles lui procureront, de multiplier ses lignes d'opération et de pouvoir en changer.

Après avoir jeté un coup d'œil rapide sur les puissances qui nous entourent, sur leurs rapports politiques et militaires avec la France, voyons à organiser le système défensif permanent de celle-ci contre les attaques même réunies de ces puissances.

Sous Napoléon, la défense de la France était d'abord dans ses armées qui, toujours offensives, éloignèrent constamment l'ennemi de son sol, et dans ces états dont il avait su couvrir ses frontières. Le chef de l'empire était aussi roi d'Italie, protecteur de la confédération rhénane, et médiateur de la confédération suisse. Ces états, que l'ennemi avait à franchir pour arriver jusqu'à nous, étaient un premier champ de bataille qu'il devait d'abord forcer et que nous pouvions long-temps disputer par la force absolue de nos armées réunies à celles de nos alliés. Mais ce système ne pouvait subsister qu'en conservant l'un et l'autre, et la destruction de nos armées amena la perte de nos alliés, et ouvrit le chemin de la France. Le système de défense par nos armées seules ne peut donc plus nous convenir. La France ne peut plus retourner à ce système de conquête qui était aussi la garantie de ses frontières, mais seulement autant qu'il était couronné de succès, qui a failli compromettre son existence, et qui exige pour être soutenu un déploiement immense et permanent de forces actives, lequel est toujours pris aux dépens de l'agriculture et de l'industrie. C'est désormais dans ses places fortes que la France doit trouver la garantie de sa défense.

La position géographique de la France et ses conquêtes successives lui ont donné des limites naturelles formées par les eaux et les montagnes sur une grande partie de son pourtour. Ces limites, que l'on peut regarder comme sa première ligne de défense, sont : à l'ouest, l'Océan, au midi, les Pyrénées et la Méditerranée, à l'est, les Alpes et le Rhin. La seule frontière du nord n'a plus de première barrière naturelle, elle est ce qu'elle était autrefois : aussi est-ce sur cette frontière que l'on a dirigé la plupart des ingressions tentées en France sous Louis XIV, et de nos jours.

Dans les guerres modernes, les capitales, et

sur-tout Paris, ont joué un grand rôle et souvent
déterminé le résultat de la lutte des puissances;
or, nous remarquerons que la position de Paris si
près de la frontière la plus faible de la France est
un grand désavantage dans sa défense. L'influence
qu'exerce cette ville sur la puissance réelle et la
puissance d'opinion rendra toujours dangereuse
une invasion par le nord de la France; il est donc
essentiel de travailler à détruire cette influence.

L'influence sur la puissance réelle provient de
ce système de centralisation universelle qui, rat-
tachant toutes les parties de l'empire à un seul
point, fait que tous les ressorts de l'état tombent
aussitôt que ce point leur manque. Non seulement cette centralisation compromet le sort de
toute la France dans celui de sa plus petite portion, mais toute centralisation partielle qui aura
une circonscription étendue, en exerçant son influence sur une grande surface, aura un résultat
fâcheux dans la défense. L'ennemi se dirigera sur
ces points et tâchera de s'en emparer, afin d'être
par leur possession maître d'une grande étendue
de pays; car l'on obéit ordinairement aux ordres
qui partent des lieux d'où on a l'habitude de les
recevoir, lorsque l'on n'a pas les moyens d'y résister; la circonscription de la France par département, en ne centralisant que de petites

portions de territoire, est donc, militairement parlant, très avantageuse. Ces centralisations partielles devraient autant que possible être établies dans les points fortifiés.

Quant à l'influence de Paris sur la puissance d'opinion, elle est plus dangereuse encore. C'est sur-tout cette sorte d'influence qu'il est important de détruire. Persuadons-nous donc bien que la France n'est pas dans Paris ; que sa possession peut même devenir fatale à l'ennemi qui, pour contenir cette immense capitale, sera obligé d'y laisser quarante à cinquante mille hommes. Que cette diminution de ses forces doit rétablir l'équilibre numérique entre nous et lui , si une supériorité trop considérable lui avait d'abord donné des succès. Dans cet état de chose, n'avons-nous pas encore un immense terrain en arrière , pour nous défendre? Cherchons donc de nouvelles lignes de défense; établissons sur la Loire les bases de cette nouvelle défense ; que derrière ce fleuve soient nos arsenaux, nos magasins, nos manufactures militaires; construisons sur ses bords des places fortes qui les protègent; renforçons notre armée de toutes les ressources des trois quarts de la France qui nous restent encore; attaquons l'ennemi avec confiance, nous le battrons, et une bataille perdue entraînera la perte entière de son armée, ayant sur ses derrières une population de sept cent mille ames réunies sur un même point. Oserions-nous bien encore abandonner la France pour un succès local, et qui ne peut être que momentané? n'attribuons qu'à nos malheureuses divisions la honte de l'avoir fait deux fois. Mais sous un gouvernement où il nous est permis d'unir l'amour du souverain à l'amour de la patrie, nous ne trouverons plus de dissidence dans les opinions, et nous ne verrons qu'émulation entre les partis pour affranchir notre sol de la présence de l'ennemi. Alors persuadons-nous bien que, tant qu'il reste un champ de bataille, un Français doit y défendre son indépendance ou y périr avec elle. La prise de Vienne, de Berlin, de Madrid, de Moscou, a-t-elle forcé nos ennemis immédiatement à la paix? les batailles d'Austerlitz, de Friedland, notre retraite de Russie, notre expulsion d'Espagne, ne sont-elles pas la preuve de leurs efforts à défendre leur indépendance, même après la prise de leur capitale? nous montrerions-nous donc si inférieurs à eux dans la défense, lorsque nous leur avons été si supérieurs dans l'attaque?

Cette opinion de l'influence de Paris sur le sort de la France rendra long-temps cette capitale le but des opérations militaires de l'ennemi. Il fau-

dra donc subordonner nos mouvements de défense
à ce but de l'attaque, et ne hasarder aucune manœuvre qui découvrirait Paris, si cette capitale
reste toujours en possession de sa fatale influence.
L'on sent combien cette condition gênerait les
mouvements de l'armée, et rendrait timide la
défense. Abandonnons donc Paris à lui-même, si
la suite des combinaisons défensives nous en éloi-
gne. Mais alors il se présente une question importante : doit-on fortifier Paris ? je n'hésiterai
pas à décider cette question par l'affirmative. Paris doit être à l'abri d'un coup de main ; il ne
faut pas qu'il puisse être mis à contribution par
un parti, ni même par un simple corps d'armée ;
des forces considérables doivent seules pouvoir le
réduire. L'immensité de cette ville proscrit le
système à enceinte continue, et ne comporte que
celui que nous avons proposé ci-dessus, c'est-à-
dire des forts ou petites places situées dans des
positions choisies, liées par les obstacles naturels
que l'on renforcerait au moment du besoin par
des ouvrages de campagne. Je ne demande pour
le reste qu'un bon mur d'enceinte précédé d'un
fossé. Je me garderai bien d'enfermer l'armée défensive dans ces ouvrages, ce serait perdre tout
l'avantage des manœuvres, le plus grand de tous
dans une défense favorisée par des places fortes.

Paris serait confié au patriotisme de ses habitants, aux compagnies de militaires vétérans et aux hommes de nouvelles levées, comme toutes les autres places du royaume.

Le but d'une opération qui tend à renverser un gouvernement doit être la capitale, et le système de centralisation est éminemment favorable à son exécution. Nous en avons nous-mêmes éprouvé deux fois l'effet en 1814 et 1815 ; mais sous un gouvernement établi sur le principe de la légitimité, solidairement garanti par toutes les puissances de l'Europe, l'on ne doit plus craindre un pareil but de la part d'un ennemi. On ne fera donc plus la guerre aux capitales ; l'on reviendra aux vrais principes, et ce sera sur les forces organisées que seront dirigés les efforts, car c'est la puissance de fait qu'il s'agit de détruire ; on pourrait être trompé en comptant trop sur celle d'opinion.

Revenons maintenant sur nos frontières : l'Océan nous sépare de l'Angleterre ; les Pyrénées, de l'Espagne ; les Alpes, du Piémont et de la Suisse ; le Rhin et les Vosges, de l'Allemagne ; la Prusse et la Hollande nous touchent sans barrières naturelles.

L'Angleterre en attaquant nos côtes n'aura d'autre but que de détruire nos établissements

maritimes. Les villes qui les renferment, Dunkerque, Calais, Cherbourg, Brest, Lorient, La
Rochelle, Rochefort, Bayonne, Toulon, Marseille seront donc fortifiées de manière à les garantir de tout bombardement par terre et par
mer. Ces places pourront d'ailleurs jouer le rôle
des grandes places fortes pour la défense intérieure, c'est-à-dire pourront servir d'appui ou de
base d'opération, selon les circonstances. Ces places fortes mettront bien nos établissements à couvert; mais elles n'empêcheront pas les Anglais
d'insulter nos côtes, d'entraver notre commerce;
c'est dans notre marine, c'est dans des forteresses
flottantes que nos frontières maritimes doivent
principalement trouver leur défense.

Si l'on admet que l'Angleterre puisse avoir intérêt d'opérer un débarquement sur nos côtes,
pour nous attaquer par terre, ce n'est point sur
le débarquement même qu'il faudra agir, on ne
pourrait empêcher qu'il s'effectuât sous la protection des vaisseaux qui balaieraient la plage. Cependant les plages les plus favorables à des débarquements seront gardées par de petits forts ou
batteries de côtes, fermées à la gorge et munies
de fourneaux à rougir les boulets. Mais c'est encore par des armées actives placées dans des positions centrales à portée des points sur lesquels on

présumera que l'ennemi a intérêt de se porter, que l'on s'opposera efficacement à ses progrès. La nécessité de se former une base d'opération obligera l'ennemi à s'emparer d'une place forte maritime, et l'arrêtera long-temps sur nos côtes, avant de hasarder de pénétrer dans l'intérieur. Cette nécessité de s'arrêter tout en prenant terre doit peu nous faire redouter les suites d'un débarquement : l'ennemi serait bientôt anéanti par la résistance de la place et le poids de toute l'armée active que l'on réunirait contre lui. La campagne ne serait ni longue ni douteuse. L'expédition des Anglais contre Anvers en 1809, faite au moment où nos armées répandues en Allemagne et en Espagne ne laissaient, pour toute défense à la France, que l'énergie et le patriotisme de ses gardes nationales, prouve combien de telles expéditions seraient hasardeuses, et dégoûteront sans doute, dorénavant, les Anglais d'en tenter de pareilles. D'ailleurs la quantité de troupes que l'on peut jeter sur une côte, à l'aide d'un débarquement, ne peut jamais être assez considérable pour donner de grandes alarmes. L'Angleterre, qui possède la plus forte marine de l'Europe, n'a pu débarquer que trente mille hommes dans son expédition d'Anvers.

Les attaques de l'Espagne ne pourront avoir

lieu que sur un front isolé et étroit, déja défendu par la chaîne des Pyrénées. Les passages principaux de ces montagnes seront gardés par des forts, et l'ensemble de la défense par l'armée sera appuyé par deux grandes places aux extrémités de la ligne, savoir : Bayonne et Perpignan, et par Toulouse en arrière comme base de ses opérations. Les montagnes permettent rarement les grands mouvements de flanc ; mais lorsqu'ils y sont possibles, ils sont décisifs. Au reste, cette première ligne forcée, on agira sur les flancs, en changeant de ligne d'opération à l'aide des places de Bayonne et Perpignan. La Garonne sera une seconde ligne de défense appuyée sur Toulouse. Je n'assignerai point de base d'opération à cette ligne; les ressources sont sur la ligne même. D'ailleurs une ingression de la part de l'Espagne contre un état comme la France ne peut guère s'étendre au-delà de la Garonne. Si elle a des succès, ils ne peuvent être que très momentanés, et l'ennemi doit être bientôt forcé à regagner les montagnes.

Le Piémont et la Suisse auxiliaires de l'Allemagne fournissent à celle-ci des lignes d'opération qui concourront avec celles qui lui sont propres, sans cependant s'y lier par-tout d'une manière immédiate. Nous allons examiner les différentes ingressions qui peuvent avoir lieu en

France sur cette ligne que bordent le Piémont et la Suisse, depuis la Méditerranée jusqu'au Rhin.

Une ingression isolée par la rivière de Gênes n'est guère supposable; et la Provence n'a été menacée en 1800 que par la retraite de Masséna dans Gênes, et par celle de Suchet sur le Var. Cette ingression qui ne se lie à aucune autre, ne peut avoir d'autre but d'opération que de s'emparer de Toulon, ainsi qu'on l'a vu inutilement entrepris par les alliés en 1707. Les précipices multipliés, le manque de chemins praticables, la difficulté des montagnes qui bordent le Var, ne permettront pas à l'ennemi de déboucher avec de l'artillerie. Et les neiges dont ces montagnes sont couvertes en hiver, en coupant ses communications, lui ôteront la faculté de faire de grands progrès. Le chemin de Nice, ou le passage de Saint-Laurent du Var, est le seul qui soit praticable à une armée. On défendra pied à pied les passages du Var. Antibes, Vence, Entrevaux, Colmar, appuieront cette défense dont les bases d'opération seront à Toulon et à Gap. La Durance formerait au besoin une seconde ligne de défense contre cette ingression, dont la base d'opération serait Toulon. Je ne suppose pas que les succès de l'ennemi le conduisent plus loin. Au reste, s'il pénétrait jusqu'à Toulon, la résistance de cette place suffirait pour réunir contre lui une armée qui ne tarderait pas à lui faire reprendre le chemin de ses montagnes, comme il y fut forcé en 1707, et sans doute moins heureusement. Nous observerons, à l'égard des trois places que nous avons citées ci-dessus, que, n'ayant point à craindre un siège en règle à cause de l'impossibilité de traverser les montagnes avec tout l'attirail nécessaire pour cela, elles doivent simplement être mises à l'abri d'un coup de main, c'est-à-dire avoir pour enceinte une bonne muraille flanquée de tours, précédée d'un fossé et d'un chemin couvert. On pourra y ajouter, si on le juge nécessaire, quelques ouvrages en terre, au moment du besoin.

L'ennemi, réuni à Coni, menace la Basse-Provence par le col de Tende débouchant sur le Bas-Var, et la Haute-Provence par la vallée de la Sture ou celle de Château-Dauphin, débouchant dans la vallée de Barcelonette par le col de l'Argentière. Cette dernière vallée est une des principales entrées du Piémont dans la Provence et le Dauphiné, quoique à l'égard du Dauphiné la ligne soit un peu alongée. Elle communique avec la Provence par la route le long de l'Obaye et de la Durance, en passant par Sisteron, et porte sur Toulon et Marseille, avec le Dauphiné par Gap et la vallée du Drak, et porte sur Grenoble. Il est donc important d'assurer la défense de cette vallée. La défense des passages sera appuyée par des forts établis dans des positions choisies. Nous n'entrerons point dans le détail de ces positions; nous indiquerons seulement le point de Jausier comme un des principaux à occuper, parcequ'il ferme à lui seul plusieurs passages. Les troupes occuperont des camps que ces montagnes offrent fréquemment, et dont les positions ont été reconnues, par l'expérience des temps passés, être avantageuses à la défense. Souvent le choix seul de ces camps, en menaçant les derrières de l'ennemi, le forcera à la retraite sans combattre. C'est ainsi que Catinat en usa en 1692 contre le roi de Sardaigne. Mais le détail de cette défense n'entre point dans l'objet que je me suis proposé, l'examen des grands points stratégiques; ce que nous venons de dire suffit pour faire sentir que la base des opérations en doit être à Gap. Sisteron conservera sa citadelle; sa position est bonne pour défendre la Provence.

Le col de l'Argentière permet encore à l'ennemi de pénétrer dans le Bas-Dauphiné, en se portant sur Mont-Dauphin; il le peut aussi par le col de La Croix, le Mont-Viso, et par la vallée de Queiras. Enfin réuni à Suze, il menace également le

Dauphiné et le Lyonnais ; car par la vallée d'Oulx ou celle de Pragelas et le Mont-Genévre , il se porte sur Briançon vers le Bas-Dauphiné ; par la Novaléze et le Mont-Cenis , il se porte sur le fort Barraux vers le Haut-Dauphiné; enfin par le même passage, mais prenant sur Chambéry, il se porte vers Lyon.

D'après cela , il est facile de voir que la défense du Bas-Dauphiné doit s'appuyer sur les places de Mont-Dauphin et Briançon, situées au débouché de toutes les vallées du Dauphiné qui confinent avec celles du Piémont ; Gap et Grenoble seront les bases d'opération de cette défense. Embrun que l'on trouve sur cette frontière nous paraît inutile. D'ailleurs cette place est dans une position beaucoup trop dominée, quoique inaccessible sur plus d'un tiers de son pourtour, pour qu'elle soit jamais d'une bonne défense.

Les ingressions que nous venons d'examiner ont pour but d'opération Toulon ou Grenoble. Nous observerons qu'elles ont le grand désavantage de laisser en arrière une chaîne de montagnes tellement couvertes de neiges en hiver, que toute communication avec le Piémont est alors entièrement interceptée ; et si le passage des montagnes a été suffisamment disputé, si la résistance de Toulon ou de Grenoble se prolonge, l'ennemi sera obligé de lui-même d'en lever le siége pour repasser les monts avant que les passages soient devenus impraticables.

Examinons les ingressions par le Mont-Cenis. Napoléon y fit construire cette belle route qui liait le Piémont à l'empire. Elle était nécessaire à son système, ainsi que celle du Simplon par laquelle il pénétrait dans la Lombardie, et tournait tout le Piémont, comme il le fit dans la campagne de 1800; mais ces routes utiles pour l'attaque nuisent maintenant essentiellement à la défense, en ouvrant la frontière sur deux points importants.

La route du Mont-Cenis donne entrée à l'ennemi dans le Haut-Dauphiné, par la vallée du Graisivaudan, et le porte sur Grenoble. Le fort Barraux, quoique très dominé, est bien situé pour fermer l'entrée de la vallée. Il serait essentiel d'y ajouter des ouvrages qui donnassent la faculté d'agir sur l'autre rive de l'Isère, ainsi qu'il a été pratiqué d'une manière passagère par tous les généraux qui ont occupé cette position. L'ennemi peut éviter le fort Barraux, en se portant de Saint-Jean-de-Maurienne sur Grenoble par le col de Vaujani et la vallée de la Romanche, où l'on a construit une nouvelle route pour aller de Grenoble à Briançon, mais qui nuit beaucoup à la défense en donnant un débouché de plus à l'ennemi. Il serait nécessaire d'observer ce passage et d'y placer un fort dans une position choisie, pour en appuyer la défense. L'ennemi peut encore éviter le fort Barraux en se portant par Chambéry, sur les Échelles ; de là il menace également Grenoble et Lyon. Aucune place en première ligne ne défend ce passage, et Lyon, la seconde ville du royaume, sans fortifications, se trouve exposée à être envahie d'emblée. Lorsque nous possédions Chambéry, nous avions encore la ressource d'une défensive dans les montagnes ; mais maintenant notre première ligne de défense est le ruisseau de Guières, qui, étant pendant l'été souvent à sec, n'est qu'un obstacle sans valeur. On suppléera au défaut de place par des camps et des positions bien choisies sur lesquelles on portera l'armée défensive, et pour cela il est essentiel que la France puisse prendre l'initiative de l'attaque et s'emparer des montagnes. Le défilé des Échelles ne peut rester sans défense ; un fort doit y être construit.

Le chemin par la vallée d'Aoste et le Petit Saint-Bernard rentre dans les ingressions précédentes, ainsi nous n'en parlerons pas ; mais celui qui part de cette vallée et du Grand Saint-Bernard, allant rejoindre la route du Simplon, est une nouvelle ingression qui porte sur Lyon par les gorges de Nantua et de Saint-Rambert. Cette ingression est commune au Piémont et à la Lombardie, et peut se combiner avec les précédentes. Elles pourront être défendues en même temps par une armée dont la base d'opération sera toujours à Lyon, et qui sera appuyée, pour celle-ci, par le fort de l'Écluse, qui tient la tête des défilés du pays de Gex ; quoiqu'il soit d'une si faible défense qu'en 1814, les Français le reprirent sur les Autrichiens en faisant rouler dessus des quartiers de roc. Le fort l'Écluse a de plus le grand désavantage de pouvoir être tourné en venant de la Savoie par le pont de Bellegarde, près duquel le Rhône se perd. Un fort serait très bien placé dans cette position. La route des Échelles par Seissel le long du Guiers et du Rhône lierait les deux corps d'armée qui défendraient les débouchés des Échelles et du pays de Gex, et permettrait d'agir avec l'un des deux sur les derrières de l'ennemi qui se serait avancé en poussant l'autre devant lui. Le fort de Pierre-Châtel assurerait cette communication. De là défense des défilés de Nantua et de Saint-Ramberg, l'armée défensive passerait à celle de la ligne de l'Ain, et de là à celle de la Saône ; celle-ci serait appuyée à Châlons et à Lyon, qui serviraient aussi de base d'opération à la première.

Ce qui précède nous prouve assez la nécessité de fortifier Lyon, but des ingressions précédentes, et base de la défense à établir contre elles. Cette place couvre les passages de deux rivières, est le nœud des routes qui lient le midi et le nord de la France, appuie la défense du Rhône et de la Saône, et les opérations contre les ingressions de l'ennemi dans le Dauphiné, le Lyonnais, la Bresse et la Bourgogne. On y emploiera le système que nous proposons pour les grandes places, et elle sera pour cette frontière une de ces places d'entrepôt de munitions, d'armes, que nous avons dit devoir être établies sur différents points des frontières, pour en armer les corps de militaires vétérans, les gardes nationales et les partisans qui ne manqueront pas de se former parmi les habitants des montagnes.

Les ingressions que nous venons d'examiner sont propres à la Sardaigne ; la dernière par le Simplon appartient aussi à l'Autriche, dans le cas d'une alliance entre ces deux puissances. Elles sont d'autant plus dangereuses, qu'elles portent sur la seconde ville du royaume, que leurs progrès conduisent l'ennemi derrière la Loire, et tournent toutes les lignes de défense que nous opposons aux invasions du Nord ; combinées avec celles-ci, elles rendent presque nulle notre défense intérieure. On voit donc de quelle importance il est d'opposer sur ce point une grande résistance à l'ennemi. Si l'art n'a point encore beaucoup fait pour cette frontière, la nature heureusement l'a favorisée d'obstacles qui, en y joignant quelques travaux d'art, la rendront très formidable. L'on a en première ligne la défense des montagnes; en seconde ligne le cours de quelques rivières, telles que la Durance, l'Isère et l'Ain; en troisième ligne, le Rhône et la Saône. Mais Lyon est l'ame de toute cette défense. Au-delà de cette dernière ligne, l'ennemi trouverait de nouveaux obstacles dans les montagnes de l'Ardéche et du Charollais, s'il voulait tourner la Loire; et Clermont formerait la base de cette défense. Cette position de Clermont que M. le général Sainte-Suzanne indique sur le tableau des places fortes qu'il propose de construire, à-peu-près centrale autour des diverses ingressions que l'ennemi peut tenter par le midi et le sud-est de la France, pourrait devenir importante dans la supposition, à la vérité difficile, pour ne pas dire à-peu-près impossible à voir se réaliser, que les efforts de l'ennemi aient prévalu sur tous nos moyens de défense sur ces frontières, et l'aient conduit jusqu'au centre de la France. Mais dans l'examen de la défense générale du royaume, je n'ai voulu écarter aucune supposition importante; et celle-ci prendroit un caractère de vraisemblance si nous voyions jamais se renouveler de grandes coalitions contre nous.

Le Piémont a un avantage dans ses hostilités contre la France qu'il est essentiel de faire remarquer : c'est que ses lignes d'opération partant toutes à-peu-près d'un centre commun, vont par leur divergence aboutir à des points de la frontière très éloignés les uns des autres. Cet avantage de position fait que, d'un point, le Piémont peut menacer une multitude de passages, et que nous sommes obligés de nous étendre beaucoup pour les garder. Cette considération nous ferait regarder comme avantageux, dans tous les cas, de prendre toujours l'initiative de l'attaque sur cette frontière, afin de forcer l'ennemi à ne porter la guerre que sur les points que nous aurions fixés nous-mêmes. Dans tous les cas, la position de l'armée ennemie déterminera celle de la nôtre. S'il se fait une concentration des forces de l'ennemi à Coni, menaçant la Haute et la Basse-Provence, l'armée défensive se réunira entre Gap et Digne. Si l'ennemi a une grande réunion de force à Turin, menaçant également tous les passages des Alpes, l'armée défensive se réunira à Grenoble, à portée de défendre tous les points menacés , et de tomber sur les flancs de l'ennemi s'il était parvenu à forcer quelques défilés et à pénétrer dans l'intérieur. Si la réunion des forces de l'ennemi se fait dans la vallée d'Aoste et tend à se combiner avec une ingression de l'Autriche par le Simplon, Lyon sera évidemment menacé; l'armée défen-sive se réunira en avant de cette ville le long de l'Ain, pendant que des corps partiels défendront les défilés des montagnes.

Des rives du lac de Genéve, on peut encore pénétrer en France par Gex, et tomber sur Saint-Claude par le col des Faucilles; ou, tournant le Mont-Jura, remonter le long de la Valserine pour se porter sur Poligny par le passage des Rousses. Cette ingression menace également la Bourgogne et la Franche-Comté, et, considérée par rapport à la Suisse, elle peut se combiner avec celles qui partiraient d'Iverdun ou de Neuchâtel venant aboutir à Pontarlier. Ces ingressions se favorisent beaucoup l'une par l'autre, et, portant également ment sur la Loire ou sur la capitale, elles sont également à craindre. Confiants dans la neutralité de la Suisse, cette portion de notre frontière a été beaucoup négligée. Cependant si l'Allemagne se rend maîtresse de la Suisse, il n'y a nul doute qu'elle cherchera à s'ouvrir des lignes d'opération par la Suisse, qu'elle combinera avec celles que lui fournissent déja le Mont-Cenis et le Simplon, afin de tourner, par les sources des\rivières, les lignes défensives que celles-ci nous fournissent. Dans le cas où le Nord serait aussi engagé dans la guerre que nous ferait l'Allemagne, ces ingressions, en portant sur Paris ou sur la Loire, tourneraient toutes nos défenses contre les ingressions du Nord. Il est donc très important d'organiser vigoureusement la défense de cette frontière. La première défense se fera dans les montagnes, aux premiers débouchés par lesquels l'ennemi voudra pénétrer; elle y sera appuyée par des forts qu'il est indispensable de construire aux Faucilles, aux Rousses d'une part, à Pontarlier de l'autre. Cette position de Pontarlier, qui se trouve au point de jonction de plusieurs débouchés partant des bords du lac de Neuchâtel, et appuie la ligne du Haut-Doubs, paraît importante à occuper d'une manière permanente. L'Ain d'un côté, la Loue de l'autre, formeront une seconde ligne de défense; Salins sera le pivot autour duquel roulera toute cette défense. Cette place, sur une frontière dénuée de moyens défensifs, doit être regardée comme très importante, et il est essentiel de la porter au degré d'étendue et de force que comporte l'action qu'elle doit avoir : Châlons-sur-Saône et Besançon formeront la base d'opération de la défense. Cette dernière place, qui se présente de flanc contre les ingressions qui partent du lac de Neuchâtel, donnera une grande facilité pour agir sur les derrières de l'ennemi ; et il est plus que probable qu'il sera obligé de s'en rendre maître, avant même d'entreprendre de passer le Doubs, pour se porter sur la Saône. Le Doubs inférieur et son canal offrent une troisième ligne de défense qui couvre la Bourgogne. Il serait à desirer que Dôle fût fortifié d'une manière permanente pour appuyer les mouvements de l'armée défensive le long de cette rivière. Dans l'état actuel des choses, la Bourgogne n'est couverte que par la petite place d'Auxonne, importante pour favoriser les manœuvres de l'armée défensive, le long de la Saône, mais point assez considérable pour fermer une trouée qui donne entrée dans l'une des principales provinces du royaume, et de là porte sur la capitale. Dijon paraîtrait devoir être fortifié pour remplir le double but de défendre la Bourgogne et de servir de base d'opération aux lignes du Doubs et de la Saône. Cependant les places de Châlons-sur-Saône, Besançon et Langres, en formant une ceinture de points fortifiés autour de Dijon, couvrent cette ville et la Bourgogne, et peuvent rigoureusement suffire à la défense.

L'ingression par les gorges de Porentruy conduit l'ennemi sur la Bourgogne par Gray, ou sur la Champagne par Vesoul et Langres; elle a ceci de désavantageux pour nous, que, par la cession du pays de Porentruy, elle tourne toutes nos positions défensives depuis Bâle jusqu'à Béfort. Cette ingression appartenant à la Suisse, la défense en a été aussi négligée que celle des ingressions précédentes. Le fort de Blamont défend seul les nombreux débouchés qu'elle offre à l'ennemi, encore ce fort ne se trouve-t-il pas sur la principale route : il serait peut-être convenable d'abandonner cette position et de se placer au Pont-de-Roide sur le Doubs. Le Doubs et l'Ognon seront les premières lignes de défense. Les places de Besançon et Béfort serviront avec beaucoup d'avantage pour agir sur les flancs et les derrières de l'ennemi et changer de base d'opération. Clarval recevra une tête de pont; la position des lieux semblerait indiquer Vesoul pour base d'opération de cette défense; mais, à défaut de cette place, Langres remplirait cet objet, quoique d'une manière un peu éloignée. L'armée défensive trouvera dans la Saône une ligne le long de laquelle elle choisira de nouvelles positions défensives, Langres sera encore la base d'opération de cette nouvelle défense, et couvrira la Champagne.

Telles sont les ingressions qui sont particulières à la Suisse. L'ingression par Bâle lui appartient

encore; mais comme celle-ci se lie plus immédiatement avec les opérations du reste de l'Allemagne, et que d'ailleurs, quelles que soient les dispositions de neutralité qu'affecte la Suisse, elle ne
sera peut-être, ni dans l'intention, ni dans la
puissance d'empêcher qu'elle ne soit violée, nous
traiterons de l'ingression par Bâle, en nous oc-
cupant des opérations des puissances de l'Allemagne, lesquelles peuvent embrasser tout le
reste de la frontière depuis Bâle jusqu'à Dunkerque.

C'est sur cette frontière que depuis Louis XIV
la France et l'Allemagne ont combattu comme
sur un vaste champ de bataille. Il n'est peut-être
pas un village de ces contrées qui n'ait vu la fu-
mée des camps ou qui ne soit devenu historique
par des combats. Vauban, à qui nous devons l'organisation défensive de la France par les places
fortes, embrassant l'ensemble des frontières, ju-
gea celles des Alpes, des Pyrénées, et de la mer,
déja fortes par elles-mêmes. Il ne fit pour les
premières que ce que nous proposons plus complétement, c'est-à-dire garder les passages, fermer les débouchés, et avoir en arrière des bases
d'opération; pour les dernières, que de garantir
les grands établissements maritimes et leur donner un degré de résistance qui permette de réunir

des forces suffisantes pour combattre l'ennemi.
Quant à cette portion de notre frontière qui
nous reste à examiner, elle reçut tous ses soins;
il fit contribuer à sa défense et l'art et la nature. Les places fortes y furent prodiguées; les
inondations, les routes, les canaux furent dirigés
et utilisés pour la défense. Cependant il existe
sur cette frontière des lacunes qui sont autant de
points vulnérables dont les alliés ont su profiter
pour envahir deux fois la France. Ces lacunes se
trouvent entre Besançon et Metz d'une part, et
entre Mézières et Valenciennes de l'autre (je ne
parle ici que des grandes places). Pour l'une on
a regardé le Rhin, les Vosges et la Suisse comme
des barrières suffisantes; pour l'autre, un mauvais
pays, des forêts marécageuses, étaient des obstacles que l'on renforça par des petites places, en
grand nombre à la vérité, mais de médiocre
valeur : ces places furent d'ailleurs établies dans
un système qui n'est plus en harmonie avec celui
des guerres actuelles; elles pouvaient peut-être
suffire autrefois, mais elles ne sont plus maintenant que de faibles moyens de défense. Les
grandes places ont été entassées à l'extrême gauche; cette partie a été rendue par l'art l'une des
plus fortes de notre frontière. Cette cumulation
de places fortes sur le même point a eu pour pre-

mier motif la nécessité de s'assurer la possession de la Flandre, qui était une nouvelle conquête de Louis XIV. Elle tire maintenant son utilité, 1° de la nature du sol plat et peu couvert, qui exige pour sa défense des places plus grandes et en plus grand nombre que les pays de montagnes ou boisés ; 2° de la position locale de cette portion de la frontière, laquelle, s'appuyant à l'Océan, peut être attaquée en même temps par terre et par mer ; et malgré la témérité d'une pareille manœuvre, l'on doit craindre que l'ennemi tente de tourner ainsi l'armée défensive qui agirait entre les places de la frontière.

La portion de notre frontière qui s'étend de Bâle à Dunkerque se divise naturellement en trois parties : l'une s'étend le long du Rhin, une autre est comprise entre le Rhin et la Meuse, la troisième entre la Meuse et l'Océan. La première comprend l'Alsace, la seconde la Lorraine et la Champagne, la troisième la Flandre. C'est dans cet ordre que nous en parcourrons la défense.

La première partie de cette frontière ayant le Rhin pour premier obstacle, a aussi la chaîne des Vosges en seconde ligne. Cette double défense naturelle a de grands avantages, sur-tout dans l'état actuel de cette frontière. Depuis la démolition de Huningue et la cession de Landau, la ligne du

Rhin est tournée, et l'ennemi est maître de se répandre dans l'Alsace. Il est à prévoir que, dans les
événements d'une guerre, l'ennemi pourrait nous
prévenir, ou que nous-mêmes ne ferions qu'une
guerre défensive sur ce point. Alors nous n'es-
saierions même pas de défendre cette province;
ce serait sur la chaîne des montagnes des Vosges
que nous établirions notre première défense. Rester maîtres des Vosges, est la seule chose que
nous devions desirer; et l'Alsace a pour nous le
grand avantage de nous rendre maîtres du ver-
sant des eaux, des passages, et de nous permettre
de choisir nos positions sur le penchant des montagnes. Cette guerre peut être conduite avec peu
de monde; et si elle est confiée à un général habile, elle peut nous faire gagner quinze à vingt
jours, ce qui est beaucoup dans les commence-
ments d'une campagne.

Mais si l'Alsace est menacée de tous les efforts
de l'ennemi, si cette province doit être le principal théâtre de la guerre, préparés alors nous-
mêmes à la résistance, nous devons nous proposer,
pour premier objet de cette résistance, la défense
de l'Alsace. Strasbourg d'une part, Béfort de
l'autre font la base de cette défense. Strasbourg
est une des premières places fortes de l'Europe,
et la clef de la défense de cette frontière; mais

Béfort est loin d'avoir le degré de force que réclame son importance. Négligée depuis long-
temps, comme la plupart des places fortes de
France, il est essentiel d'en étendre les fortifications de manière à rendre cette place capable
d'une forte résistance et d'une grande action.
Cette nécessité est motivée, non seulement par
la défense de l'Alsace, mais encore par l'obligation de s'opposer à l'ingression de l'ennemi par
Bâle, l'une des principales de l'Allemagne, dont
le but direct est Paris, en se portant d'abord
sur la Bourgogne ou sur la Champagne. Dans
l'état actuel de cette frontière, l'ennemi, depuis
Bâle jusqu'à la capitale, ne rencontre d'autre
place forte que Béfort, faible obstacle contre un
danger aussi grand, et qu'il peut éviter en passant par Montbelliard, ainsi qu'il l'a pratiqué
en 1814.

Mais revenons à la défense générale de l'Alsace.
Le Rhin semble se présenter à l'ennemi comme
premier obstacle. Cependant ce ne serait point à
empêcher le passage de ce fleuve qu'il faudrait
s'attacher principalement, car un fleuve, le Rhin
lui-même, se traverse; il n'a jamais été un grand
obstacle aux armées qui ont voulu le passer. Mais
au-delà de ce fleuve l'ennemi trouvera un pays difficile, et deux corps d'armée que l'on fera agir

sur ses flancs, ayant pour base d'opération Strasbourg et Béfort, et appuyés d'une part aux montagnes, de l'autre au Rhin. Sur quelque point
que l'ennemi ait passé le Rhin entre ces deux
places, il ne pourra ni s'étendre en Alsace, ni pénétrer plus avant sans s'être d'abord débarrassé
des deux corps d'armée qui agissent sur ses
flancs. Il sera donc forcé de les attaquer, et pour
cela de faire un changement de front qui le mettra
dans la position la plus défavorable pour combattre, ayant son front parallèle à sa ligne d'opération, et devant faire face de plusieurs côtés à-la-
fois, c'est-à-dire de livrer une bataille double. De
plus, le corps d'armée destiné à agir le long de la
ligne des Vosges prenant part à l'action, l'ennemi
sera entouré de toutes parts ; et dans cette situation
périlleuse, s'il est battu, le Rhin reprend alors toutes ses propriétés défensives ; forcé à repasser ce
fleuve, il ne le pourrait sans éprouver de grandes
pertes devant notre armée victorieuse qui le pous-
serait et le presserait vivement. La petite place de
Schélestadt rendrait sans doute de grands services
pour appuyer cette défense dans la Haute-Alsace ;
il en serait de même de Neuf-Brisach.

Mais supposons que nos armées, ayant été con-
traintes d'abandonner la défense de l'Alsace, se
soient retirées sur la seconde ligne de défense que

nous offrent les Vosges, l'ennemi tentera de franchir encore cet obstacle pour envahir la Lorraine. Il pourra être, en cela, favorisé par l'action d'un autre corps d'armée qui, par Sarrebruck, menacerait également cette province en tournant la ligne des Vosges, et qui nécessitera de notre part l'emploi d'un corps d'armée dont les opérations se combineront avec celles de l'Alsace.

La chaîne des Vosges offrira à l'ennemi plusieurs passages dont le grand nombre rend cette ligne de défense assez difficile à garder; outre les grandes routes de Béfort d'une part, et de Saverne de l'autre. Les passages les plus importants et dont le but principal est Nancy, en passant par Épinal ou par Saint-Dié, sont ceux du Balon et d'Orbey, qui se réunissent à Saint-Maurice près des sources de la Moselle, ceux du Bon-Homme, de Sainte-Marie-aux-Mines et de Villé. Il serait important que tous ces passages fussent gardés par des forts. L'armée défensive y trouverait des appuis salutaires; les habitants, qui ne demanderaient pas mieux que de défendre leurs montagnes, y trouveraient des armes et des chefs, un soutien à leurs actions, une retraite dans leurs échecs. Les autres passages seraient rompus ou garnis d'abattis. A défaut de la défense par des forts, l'armée défensive gardera elle-même les passages, et par des positions heureusement choisies retardera le plus long-temps possible les progrès de l'ennemi. Pendant cette résistance dans les montagnes, l'armée se réunira entre Épinal et Lunéville, ayant pour base d'opération Langres et Nancy; elle sera prête à tomber sur les flancs de l'ennemi qui aurait forcé les passages des Vosges; elle le culbutera sur les défilés qu'il aura laissés derrière lui, tandis que les garnisons de Strasbourg, de Béfort et les insurgés des montagnes se porteront sur ses derrières et lui couperont sa base d'opération.

Dans l'état actuel de la défense, la ligne des Vosges n'a point de base d'opération, les places de Langres, Nancy et Metz constitueraient avantageusement certe base, sur une ligne étendue parallèle à celle du front des opérations; les deux premières lient les places de la Saône et du Doubs à celles de la Meuse et de la Moselle, ferment la trouée qui était entre ces rivières, couvrent l'une et l'autre la Champagne, pays ouvert où la défense naturelle semble s'arrêter et où les armées sont presque réduites à leur valeur absolue.

Langres, point éminemment stratégique, appuié une foule d'excellentes positions militaires qui l'environnent, et semble être le réduit d'un grand camp retranché; elle est la clef de toutes les vallées qui donnent entrée dans le bassin de la

Seine et le nœud des routes qui lient le Nord au Midi de la frontière. L'ingression par Langres est d'autant plus dangereuse, que, se faisant par le point le plus élevé de la France d'où découlent presque toutes les eaux qui l'arrosent, l'ennemi tourne toutes les rivières, toutes les chaînes des montagnes qui forment nos lignes de défense, toutes les places fortes qui appuient ces lignes. C'est enfin une position qui, laissée à l'ennemi, deviendrait bientôt entre ses mains la base de ses opérations en Champagne, par la facilité qu'il trouveroit à la pourvoir promptement de moyens de défense ; elle serait pour lui un point d'où il couvrirait sa retraite et duquel il ne serait chassé que par un siége en régle. Cette dernière considération, outre beaucoup d'autres, mais qui ne peuvent être l'objet que d'un mémoire particulier sur cette place, doit empêcher de s'établir à Chaumont et détruit l'indécision où l'on semble être encore à cet égard, indécision fondée sur ce que Langres pouvant être tournée par Bourbonne-les-Bains, Chaumont semble mieux fermer le passage. Mais l'armée qui aura défendu les Vosges s'étant retirée sur Langres, l'ennemi ne pourra laisser derrière lui, en la tournant, cette armée qui s'y sera retranchée ; il faut qu'il l'attaque, et nulle position ne s'offre d'une manière plus avantageuse à la défense. D'ailleurs, Chaumont lui-même ne peut-il pas être évité par la route d'Arc, qui descend à Châtillon dans la vallée de la Seine. Le mieux, sans doute, serait de fortifier Langres et Chaumont. Cette dernière ville a déja une enceinte bastionnée : en y joignant un camp retranché pour l'établissement duquel les localités donnent de grandes facilités, on rendrait cette position très formidable; l'on pourrait regarder alors ce point de la frontière qui s'oppose à l'ingression par Bâle comme l'un des plus difficiles à forcer.

Nancy, dont l'influence morale s'étend sur une grande étendue de pays, deviendra sans doute le but d'opération de l'ennemi après le passage des Vosges. Cette ville pourra même être exposée à deux ingressions, l'une entre Langres et les Vosges, l'autre entre Metz et ces montagnes, et ces ingressions seraient d'autant plus dangereuses, qu'elles conduiraient l'ennemi dans un pays plein de ressources, et où nos moyens de défense s'affaiblissent et deviennent bientôt nuls. Nancy doit donc devenir une place forte. Mais si les localités présentent des difficultés, si on recule devant la création d'une place aussi grande que le serait Nancy, on ne peut se refuser à couvrir cette ville par une ligne de défense fortement organisée. Je ne vois que la Seille, dont le cours, fortifié d'in-nondations fournies par l'étang de Lindre, de points d'appui, de têtes de pont, puisse fournir cette ligne, laquelle se présenterait de front à l'ingression par la gauche des Vosges. Marsal aurait déja un objet utile comme appui sur cette ligne, mais ne suffirait pas ; Metz en appuierait la gauche et la droite, se lierait par des étangs, des cours d'eau, des bois, un pays à obstacles naturels à Luné-ville que je crois nécessaire de fortifier, sur-tout contre l'ingression par la droite des Vosges. Cette place, située à la réunion de plusieurs vallées, nous rendrait maîtres de plusieurs passages, et bornerait la défense par l'armée active à l'espace entre la Meurthe et la Moselle, en même temps qu'elle serait un appui formidable pour cette ar-mée. Toul serait la base d'opération de cette dé-fense, et alors devrait être augmentée par un camp retranché: Mais si Nancy est fortifié, il sera lui-même cette base d'opération, et l'ame de toute cette défense, et Toul ne serait plus qu'une place à l'abri d'un coup de main, servant de tête de pont et d'appui sur la Moselle.

Retournons à la défense de la Basse-Alsace que nous avons quittée pour ne pas interrompre la défense générale des Vosges et du pays qu'elles couvrent.

Strasbourg appuie avec encore plus d'efficacité les opérations de la défense dans le Bas-Rhin que dans le Haut-Rhin, à cause de sa plus grande proximité de ces opérations. Si l'ennemi menace l'Alsace par la rive droite du Bas-Rhin, l'on défendra le passage du fleuve par une concentration de l'armée défensive, dans une position choisie, à portée des points sur lesquels l'ennemi paraît vouloir se porter plus particulièrement, et par des corps mobiles qui, agissant le long de la rive gauche, arrêteront le premier effort de l'ennemi jusqu'à l'arrivée de l'armée, qui l'écrasera de tout son poids. Cette manière de s'opposer à un passage de rivière nous paraît le plus propre à amener des résultats avantageux. La place de Strasbourg favorisera beaucoup cette défense par son action au dehors, et l'appui qu'elle donnera aux corps mobiles. Hagueneau, Weissembourg, Lauterbourg semblent constituer pour cette partie de l'Alsace une défensive suffisante. Le fort Vauban et tous les points fortifiés, batteries ou forts que l'on pourra répandre le long du Rhin, en augmentant les difficultés que l'ennemi aura à vaincre, assureront d'autant mieux la défense.

Mais si, malgré tous les efforts de résistance de l'armée défensive, l'ennemi traverse le fleuve et bat cette armée, si de plus celle-ci, après avoir défendu l'Alsace à l'aide des places et des cours d'eau, est contrainte de la céder à l'ennemi, elle se retirera sur la chaîne des Vosges, très propre à recevoir une armée battue, et à lui servir de seconde ligne, sur laquelle elle peut parvenir à reprendre l'offensive. Les défilés des Vosges seront occupés par des forts dans cette partie du Nord de la chaîne, comme dans la partie du Midi. Phalsbourg, placé sur la principale communication de l'intérieur avec Strasbourg, est un des points les plus importants à occuper sur cette ligne.

En général, il est essentiel de rester maîtres des passages des Vosges qui conduisent de la Lorraine sur Strasbourg, afin de nous assurer des retours offensifs contre l'armée qui en ferait le siége. On ne doit pas craindre de multiplier les forts dans ces montagnes; les gens du pays ne demanderont pas mieux que de les défendre, et cela donnera une sorte de régularité à leur action. D'ailleurs, il est essentiel de remarquer que s'il est constant que les plaines ne peuvent bien être défendues que par les grandes places, il n'est pas moins vrai que les montagnes ne peuvent l'être que par de petits forts; et dans celles où les passages sont nombreux, comme les montagnes des Vosges, la difficulté de les garder tous par des troupes, l'impossibilité de lier les postes entre eux à travers les montagnes, et donner un grand ensemble à la défense sur tous les points, nécessitent des points de résistance indépendants, et obligent à les multiplier le plus possible.

Les pays de montagnes sont faciles à garder, et les succès n'y peuvent conduire à de grands résultats, car tout s'y passe en affaires de postes, aussi sont-ils difficiles à conquérir. Les pays de plaines, au contraire, sont faciles à conquérir et difficiles à garder; tout mouvement méne à une bataille, toute bataille a un grand résultat, lequel peut être la conquête entière du pays, si son organisation défensive n'arrête pas les progrès de l'ennemi.

Cette observation s'accorde avec les événements de l'histoire ; les grandes conquêtes se sont toujours faites dans les pays de plaines. Montesquieu remarque avec quelle facilité les Romains étendirent leurs conquêtes dans les plaines de l'Asie, où l'on ne peut rien disputer au plus fort, et quelles peines ils eurent à vaincre les peuples du Nord, défendus par leurs montagnes, leurs forêts et leurs fleuves, autant que par leur courage, leur énergie et leur amour pour l'indépendance, résultant encore de la nature du sol et de celle du climat. L'Asie fut le théâtre des exploits des grands conquérants, mais les Sarrasins furent arrêtés par le Nord ; enfin de nos jours nous avons vu la Hollande conquise en une seule campagne d'hiver, tandis que le Tyrol n'a cédé qu'à des ordres supérieurs, et que les Abruzzes, qui, sous le nom de Samnites, furent, pour les Romains, le sujet de vingt-quatre triomphes, ont été pour les Français l'objet d'une guerre longue et cruelle.

L'Europe, divisée naturellement, par ses mers, ses montagnes et ses fleuves, en un grand nombre de petites portions, ne renferme que des états de médiocre étendue, déterminés par ces divisions naturelles ; mais ces états ont en eux-mêmes et par leurs limites une force de résistance qui rend chacun d'eux très difficile à être soumis à une force étrangère. L'Asie, au contraire, n'offre que rarement des divisions naturelles, aussi est-elle le partage des grands empires.

Il suit de là que la monarchie universelle est une de ces idées chimériques qui ne peuvent recevoir d'existence en Europe. Cette monarchie ne pourrait se maintenir que par un despotisme politique et militaire, et ni l'un ni l'autre ne réussiront jamais à s'établir parmi les nations européennes, leur indépendance naturelle surmontera la force ; tous les éléments qui les séparent les unes des autres, bien plus multipliés et plus tranchants en Europe qu'en Asie, seront dans une action continuelle , jusqu'à ce qu'ils aient amené ce que veut la nature des choses. Un conquérant tel que Charlemagne, Napoléon, peut bien se former un empire d'une vaste étendue , même en Europe; mais son existence passera comme tout ce qui est soumis à la force, lorsque cette force n'est pas celle de la nature : celle-ci reprendra bientôt le dessus, et l'empire se divisera comme la nature l'a divisé. Charlemagne, en partageant ses états entre ses enfants, ne fit que prévenir ce que la nature elle-même eût fait un peu plus tard.

Que les nations de l'Europe connaissent donc bien les bornes que la nature a posées à leur empire. Que les princes sachent qu'au-delà leurs conquêtes ne sont plus que des crimes de leur ambition dont ils deviennent comptables envers l'humanité, mais qu'aussi ce serait en vain qu'ils s'opposeraient à l'extension des nations jusqu'à leurs limites naturelles, car le temps amènera ce qu'ils s'efforcent de repousser. L'Alsace et la Franche-Comté étaient dans le cercle des dépendances légitimes de la France ; aussi , long-temps disputées, ces provinces ont fini par lui rester irrévocablement attachées.

Revenons à notre objet.

La cession de Landau a mis à découvert l'Alsace vers le Nord et par celle de Sarre-Louis ; la Lorraine n'a plus de frontière. Une armée ennemie réunie dans le Palatinat menace en même temps l'Alsace, la Lorraine et la Champagne. Mayence en serait la base d'opération ; Landau, Sarre-Louis, Luxembourg, appuieraient ses opérations contre chacune de ces provinces. On ne peut se dissimuler que cette position centrale, menaçant d'un seul point trois de nos provinces, ne soit très avantageuse à l'ennemi ; aussi a-t-elle été souvent choisie par lui dans les guerres de l'Allemagne contre la France. Elle est devenue pour nous plus dangereuse encore par la perte des places de Landau, Sarre-Louis et Luxembourg. Nous n'avons plus de frontières contre ces ingressions, et nous sommes forcés de nous battre sur une grande étendue, souvent sans appui et sans lignes défensives. Voyons cependant quelles pourraient être nos dispositions.

L'armée défensive se réunira entre la Sarre et la Moselle ; elle se portera sur les points menacés aussitôt que l'ennemi aura déterminé sa marche. Un corps d'armée sera détaché pour couvrir l'Alsace de l'invasion par le Nord ; il trouvera le long de la Lauter une ligne de défense, et des points d'appui à Lauterbourg, qui peut aussi servir à surveiller le passage du Rhin, entre cette place et Strasbourg, conjointement avec le fort Vauban et Haguenau, et à Weissembourg, dont il

est bon d'étendre les fortifications afin d'en pouvoir faire une base d'opération pour l'offensive,
sur le pays ennemi, et la clef de la défense de
la basse Alsace. Enfin, ce corps d'armée aura
sa base d'opération à Strasbourg, et la forteresse
de Bitche en liera les opérations avec celles de
l'armée principale.

Je ne parle point des lignes de Weissembourg
faites pour couvrir la Basse-Alsace, lesquelles ont
été forcées ou abandonnées toutes les fois que
l'ennemi a été en état de les attaquer. L'on sait
que la théorie et l'expérience proscrivent ce système de guerre défensif derrière des lignes d'une
longue étendue qui couvrent un pays.

Nous remarquerons que Bitche, par sa position, a le double avantage de menacer les flancs
de deux ingressions, l'une dans l'Alsace, l'autre
dans la Lorraine; elle est donc de la plus grande
importance, et il est essentiel de lui donner
l'extension que réclame l'action qu'elle peut avoir
au-dehors. Cette action, secondée par celles
de toutes les places de la Basse-Alsace, par tous
les cours d'eau qui la traversent, le long desquels
l'armée trouve des lignes de défense, rendra sans
doute inutiles tous les efforts de l'ennemi pour
pénétrer par le Nord dans cette province. Cette
ingression serait d'ailleurs sans but, si elle n'a-
vait celui de pénétrer à travers les montagnes sur

les derrières de l'armée défensive de la Lorraine ; car l'Alsace ne sera jamais l'objet d'une conquête isolée de la part de l'ennemi : elle lui coûterait trop cher et lui fructifierait peu, s'il n'allait au-delà. Mais allant au-delà, la marche de l'ennemi à travers les montagnes lui sera disputée par l'armée défensive appuyée sur Bitche, Phalsbourg et sur les forts de Lichtemberg et de la Petite-Pierre, qui, quoique peu considérables, ne doivent cependant pas être négligés dans une défense de montagnes.

La Sarre était pour nous une bonne ligne de défense contre l'ingression de l'ennemi sur la Lorraine par Kaiserlautern et Sarrebruck ; mais depuis la cession de Sarre-Louis et de Sarrebruck, cette ligne est tournée, et l'armée défensive est réduite à se battre dans un pays ouvert et sans appui. C'est un des points vulnérables de notre frontière. Metz est la base d'opération de cette défense. Cette place est une position éminemment stratégique dans la défense de cette frontière. Elle étend son action contre toutes les ingressions que peut tenter l'ennemi entre les Vosges et la Meuse ; se présentant tantôt de front, tantôt de flanc, elle permet à l'armée défensive de changer sa ligne d'opération, et de tenter des mouvements de flanc contre l'ennemi.

Dans l'état actuel de cette frontière, l'ennemi voulant éviter Metz dans son ingression par Sarrebruck, se portera sur Nancy; mais si Nancy est fortifié d'une manière convenable, il ne gagnera rien à cette marche qu'il ne peut exécuter qu'en prêtant le flanc à Metz. Nancy fortifié, la ligne de Meurthe et Moselle appuyée aux places de Nancy, Metz et Thionville, serait d'une très bonne défense contre l'ingression qui nous occupe. Sans doute, l'ennemi n'oserait franchir cette ligne à travers les places qui l'appuieraient; il serait auparavant forcé d'en prendre quelques unes, et de s'y consumer long-temps.

Mais cette ligne de la Moselle ne peut nous dispenser d'une première défense sur la frontière, depuis la cession de Sarre-Louis et de Sarrebruck la ligne de la Sarre appartient à l'ennemi. Il donne à cette ligne une base d'opération par la création d'une nouvelle place à Hombourg, et un appui formidable par les ouvrages qu'il ajoute à Sarre-Louis; mais en se préparant ainsi à la défense il se donne aussi des moyens d'attaque contre nous, et il est de toute nécessité d'y répondre.

Dans l'état actuel, la Lorraine est exposée. Une partie du département de la Moselle est envahie de prime abord, et nous devons renoncer à prendre l'offensive sur le pays ennemi, le point de départ étant trop éloigné. Nous devons organiser une frontière défensive avec ce qui nous reste du cours de la Sarre. Sarreguemine, en servant d'appui sur cette rivière, peut remplir le premier but de la défense. Cette place servira aussi à agir sur les flancs de l'ennemi dans son ingression par Sarrebruck. Mais c'est en arrière sur cette même ingression qu'il est essentiel de trouver une position avantageuse pour y placer la base d'opération de la défense, et celle de l'offensive sur le pays ennemi : Saint-Avold semblerait être cette position, à moins qu'une connaissance plus précise du pays n'en fît trouver une plus rapprochée de la frontière.

Si, après de longs efforts, l'ennemi parvient à forcer la ligne de la Moselle, et veuille pénétrer dans les défilés qui couvrent celle de la Meuse, l'armée française trouvera d'abord dans ces défilés mêmes des ressources pour la défense. Toul, situé sur la Moselle, mais en arrière de la ligne que cette rivière forme avec la Meurthe jusqu'à Nancy, et à la tête de l'enfourchement des routes de Saint-Dizier et de Joinville, couvrant les défilés de la Meuse, aura dans la défense de ce point des propriétés qui ne permettent pas de négliger cette place. Elle acquerra sur-tout un grand degré d'importance si Nancy reste sans fortifications, car alors une des grandes communications de l'Allemagne avec Paris resteroit presque sans défense en deçà des Vosges. Il serait même possible de tirer parti, pour la défense de ce point, de la grande élévation du bassin de la Meuse, au-dessus de celui de la Moselle, que les derniers nivellements portent à cent mètres près de Toul. Un canal, de trois lieues de longueur au plus, joindrait ces deux rivières, et verserait les eaux de la première dans la seconde.

La défense de la Meuse trouve ses bases d'opérations dans les places de la Marne.

Jusqu'à présent la Marne n'a point été organisée en ligne de défense, mais nous pensons qu'il est essentiel qu'elle le soit. Nous avons déja placé Langres à sa source ; nous croyons qu'il convient d'y ajouter encore Châlons-sur-Marne et le château de Joinville pour lier les défenses supérieures et inférieures de la Marne. Nous verrons combien la première de ces places a de valeur comme centre d'action contre plusieurs ingressions. Vitry, situé entre les deux, n'aura que la valeur de ces petites places que j'appelle têtes de pont. Mais sa position est importante, et cette importance s'accroît dans ce moment par la non existence de Châlons

comme place forte, et d'aucune place considérable en deçà des Vosges, sur cette principale communication de l'Allemagne avec Paris.

Nous remarquerons que l'ingression dont nous
venons de parcourir la marche trouve successivement contre elle une suite de cours d'eau qui,
se présentant toujours de front, fournit autant de
lignes à la défense. Dans l'état actuel de notre
organisation défensive permanente, c'est le seul
avantage que ce terrain nous offre ; en opposition
à cet avantage, il est coupé d'un grand nombre
de routes qui donnent beaucoup de facilités à
l'ennemi pour tourner nos positions et nos places.
Il faut donc en organiser la défense permanente
par des places capables d'une forte puissance d'i-
nertie contre laquelle l'ennemi vienne briser tous
ses efforts et d'une action étendue au-dehors. Ces
places garderont les principales routes, borneront
à quelques unes celles sur lesquelles s'exercera la
défense par l'armée active ; et l'ennemi, dans sa
marche offensive, éprouvera toute la résistance
de cette armée et toute l'action des places fortes.
Nous croyons que cet effet pourra être produit
par les places dont nous proposons la construction.

Après avoir épuisé toutes les ressources de la
défense sur la Marne et dans la Champagne, l'ar-

mée se retirera, non sur Paris, j'y suppose une force de protection suffisante ; et d'ailleurs si l'ennemi faisait la faute de s'y porter, ce serait le cas de l'y suivre et de l'y mettre entre deux feux ; mais elle se retirera sur la Loire, où sera organisée une nouvelle défense.

Nous passerons maintenant aux ingressions qui se présentent à l'ennemi entre la Moselle et la Meuse. Toute cette frontière est d'une faiblesse extrême. Verdun est le seul point véritablement résistant qui se présente sur près de trente lieues de longueur. Cette place protége avec Metz tout le pays entre la Moselle et la Meuse, et forme avec celle-ci une base d'opération pour la défense de ce pays. L'Orne est presque la seule ligne à tenir parallélement à la frontière. Elle est parfaitement protégée et appuyée par les places de Metz et Verdun. Mais c'est sur la ligne de la Meuse que repose principalement la défense contre les ingressions qui nous occupent. Nous ferons connaître cette défense en rapportant ici une note qui nous a été communiquée par un officier supérieur qui a bien voulu nous faire part de ses idées sur l'objet qui nous occupe.

La ligne de la Basse-Meuse, en France, a toujours été considérée comme très peu fortifiée, l'on attribue le manque de soins à cet égard à la protection que reçoit cette frontière de la nature du pays qui est en avant. Ce pays est presqu'un désert dans lequel on pense qu'une armée ne pourrait pas subsister, et qui d'ailleurs n'était percé d'aucune grande communication. Depuis la suppression de Stenay, cette ligne n'est couverte entre Sedan et Verdun, distants de près de vingt lieues, que par Montmédy et Longwy, petites places presque insignifiantes, sur-tout la première, qui n'est sur aucune communication et dont la garnison, qui ne peut pas être de plus de quinze cents hommes, ne sera redoutable qu'à des partis. Nous pensons qu'à raison de la nature du pays, Stenay suffirait pour compléter la ligne de la Meuse. Lors de leur invasion de 1792, les Prussiens, après la prise de Longwy, passèrent en grande partie par Stenay, en se contentant d'observer Montmédy. Leur marche eût été extrêmement gênée, et probablement ils n'eussent pas fait leur invasion, si Verdun et Stenay avaient été en état de résister. Anciennement les postes de Carignan et de Bouillon complétaient avec Montmédy et Longwy la chaîne des postes avancés de la ligne de la Meuse. Carignan n'a plus d'enceinte fortifiée, et Bouillon est en mains étrangères.

Ce qui précède fait assez connaître l'importance de Longwy et de Stenay dans la défense de cette partie de la frontière, ainsi que la nullité de Montmédy. La première de ces places, opposée à Luxembourg, en est, dans son état actuel, une bien faible rivale; elle doit donc être portée à l'état de force déterminé par son importance, et l'on doit chercher à en augmenter la valeur et l'étendue de manière à la rendre susceptible de ressources dans l'offensive sur le territoire ennemi.

L'ennemi, maître de Longwy, ayant tourné la ligne de la Meuse par la prise de quelques unes de ses places, sera arrêté dans les défilés de l'Argonne, où l'on pourra long-temps lui disputer le terrain et l'arrêter, sur un sol stérile où il sera dépourvu de tout moyen de subsistance, ainsi que l'a fait Dumouriez en 1792. Dans cette défense et dans celle qui la suivra, Réthel, que nous pensons devoir être une place forte, portera une influence majeure sur les opérations de l'armée défensive. Indépendamment de celle locale et de celle immédiate sur les ingressions de la Basse-Meuse, cette influence s'étendrait encore à gauche sur le pays entre Aisne et Oise, et à droite sur le pays difficile appelé la Champagne-Pouilleuse. Après le passage de la Meuse, entre Sédan et Verdun, l'ennemi, s'il voulait éviter Réthel, serait obligé de se jeter dans cette Champagne-Pouilleuse et dans l'Argonne, circonstance qui lui serait peu favorable. Dans cette double ligne dite de la Meuse, nous croyons que Mézières, Verdun et Réthel devraient être des places d'un ordre supérieur, Stenay et Sédan des places d'une moindre importance.

Châlons-sur-Marne, comme l'on voit d'après ce qui précède, est le but de toutes les ingressions de la rive droite de la Meuse; il serait aussi la base des opérations de la défense. On ne peut méconnaître son influence sur tout le pays entre la Meuse et la Marne. C'est un des points stratégiques les plus importants de notre défense, et toutes les raisons militaires se réunissent pour en faire un point formidable. L'ennemi placé alors dans le triangle formé par les trois places de Verdun, Réthel et Châlons, au milieu de forêts immenses ou d'un terrain inculte, serait dans la position la plus défavorable qui pourrait devenir même la plus critique.

Examinons maintenant l'ingression par la rive gauche de la Meuse, entre cette rivière et la Sambre. Ici nous trouvons encore les funestes résultats de nos derniers désastres. Depuis la cession de Philippeville et de Marienbourg, la ligne de la Meuse est tournée et l'ennemi peut pénétrer en France, comme il l'a prouvé en 1815, en évitant les places de médiocre valeur, telles que Rocroy,

Avesnes, Maubeuge, qu'il a laissées sur ses flancs en se contentant d'observer leurs faibles garnisons. A la vérité, le pays qu'il doit parcourir est difficile, couvert des bois de la Thiérache et d'un sol marécageux; il offre peu de ressources pour la subsistance des troupes, et l'ennemi aura beaucoup à souffrir s'il y est arrêté, contenu et obligé à faire le siége de quelque grande place; mais dans l'état actuel de notre frontière, aucune place importante ne se présente sur ce point pour arrêter l'ennemi, et tout le pays entre l'Aisne et l'Oise est ouvert. Nous croyons donc qu'il serait important que l'entrée en fût fermée par une place, et il paraît que Hirson ou la Capelle serait dans la position la plus favorable à occuper pour remplir tout le but de la défense. Située au débouché des bois de la Thiérache et aux sources de l'Oise, cette place couvrirait les ingressions de l'ennemi dans la Picardie par la Capelle, Guise et Saint-Quentin, et dans la Champagne par Vervins; elle porterait son influence sur tout le pays entre Mézières et Maubeuge, séparées par un intervalle de vingt-cinq lieues. Cette frontière, la plus rapprochée de Paris, réclame toute l'attention du gouvernement. Si on ne l'organise pas autrement qu'elle l'est actuellement, le département de l'Aisne peut être envahi en majeure partie de prime abord, et l'ennemi, en six jours, peut être aux portes de la capitale. L'on doit aussi renoncer à l'offensive sur ce point, n'ayant point de base d'opération près de la frontière.

Voyons quelle sera la marche de l'armée dans sa défensive : elle se réunira et prendra position entre Maubert-Fontaine et la Capelle, ayant sur sa droite Mézières et sur sa gauche Maubeuge, qui lui donneront la faculté d'agir sur les flancs de l'ennemi en changeant de base d'opération. Mézières et Maubeuge devront donc être des places à grande influence que l'ennemi ne puissent laisser sur ses flancs. Dans le cas où l'on admettrait la création d'une place à Hirson, cette place deviendrait la clef de la défense entre l'Aisne et l'Oise, et Mézières et Maubeuge ne prendraient plus d'influence sur cette défense que par l'action qu'elles auraient contre le siége de cette place, que l'ennemi serait obligé de faire avant de pénétrer dans l'intérieur. Après la perte d'une première bataille ou la prise d'Hirson, si l'on suppose que cette place existe, l'ennemi pourra se jeter sur Saint-Quentin par Guise et Origny, et sur Laon par Vervins, ou enfin sur Reims en passant l'Aisne au-dessous de Neuchâtel. L'on sent qu'il ne pourra tenter de pénétrer ainsi en Champagne qu'après s'être rendu maître du pays entre l'Aisne et l'Oise ; et Laon et

Réthel peuvent exercer une telle influence sur ce pays et sur la marche de l'ennemi, qu'il ne pourra s'en dire maître qu'après s'être emparé de ces deux places. Cette ingression, qui ne le porterait que sur Reims, où il serait encore sous l'influence de Châlons et de Soissons, ne serait donc pas pour lui la plus avantageuse. Dans tous les cas, quel que soit celui des trois partis que l'ennemi embrasse, après la perte de la première bataille, l'armée défensive se retirera derrière l'Oise, s'appuyant à Guise qui doit être une forte tête de pont, et couvrant ainsi l'une et l'autre ingression en étendant un peu sa droite vers les sources de l'Oise. Si l'ennemi attaque la droite de cette ligne, son intention sera peut-être de se porter sur Laon pour s'avancer de là vers l'Aisne; mais cette dernière place arrêtera sa marche, et sa position locale renforcée de tout ce que l'art peut y ajouter en rendra la prise fort difficile. L'ennemi restera donc long-temps devant Laon sous l'influence des places de Mézières, Réthel, Soissons, La Fère et sous celle de l'armée défensive qui, après avoir vu sa droite forcée, aura repris par un changement de front une autre position derrière l'Oise couvrant Saint-Quentin. L'ennemi jugera sans doute son entreprise sur Laon impraticable et ira par Marle forcer le passage de l'Oise et combattre l'armée défensive qui a pris une nouvelle position le long de cette ligne, ayant sa base d'opération sur Saint-Quentin. Ces positions respectives des deux armées seraient aussi à-peu-près celles qui résulteraient d'une attaque de l'ennemi par Guise, sur la gauche de l'armée défensive dans sa première position le long de l'Oise, car la retraite de celle-ci serait encore sur la seconde position que nous lui avons assignée derrière l'Oise: tous ses soins devraient tendre à ne pas se laisser couper cette retraite qui découvrirait un pays tout ouvert dans la situation actuelle des choses. L'attaque par la rive droite éviterait à l'ennemi l'obligation de s'emparer de la petite tête de pont de Guise, qu'il se contenterait d'observer; mais si, malgré la forte action que l'on pourra avoir sur l'ennemi, celui-ci s'opiniâtre sur Laon et parvienne à s'en emparer, il faudra alors ramener l'armée défensive sur l'Aisne, où la ville de Soissons appuiera sa défense, et je crois que pour faciliter ce mouvement, il serait nécessaire de faire une route directe de La Fère à Soissons. Mais c'est ici le dernier obstacle que nous puissions opposer à l'ennemi jusqu'à Paris.

Revenons à la seconde position des armées le long de l'Oise. L'armée battue dans cette seconde position se retire sur Saint-Quentin, derrière la

Somme. Cette place dont l'influence est bien marquée, d'une part sur le pays entre l'Aisne et l'Oise, de l'autre sur celui entre l'Oise et la Somme; qui sert de base d'opération à la défense contre plusieurs ingressions du Nord; qui appuie d'une manière si efficace la ligne marécageuse de la Haute-Somme, que l'on peut tourner, à la vérité, de la Capelle par le Câtelet, mais toujours en présentant le flanc à Saint-Quentin et retombant sur Péronne; la seule place importante que l'on puisse opposer à l'ennemi dans ses ingressions par Chimay et la Capelle, ou par Maubeuge et Avesnes, réclame toute l'attention du gouvernement. C'est avec Lyon, Langres, Nancy, Châlons-sur-Marne, un des points stratégiques de la défense de nos frontières. Malheureusement pour cette défense, les manufactures françaises se sont emparées de Saint-Quentin. Cette ville est devenue, selon l'expression même des Anglais, le Manchester de la France, et son existence commerciale a pris le caractère d'un intérêt national devant lequel viendra peut-être se briser l'intérêt de notre défense. Je ne discuterai point ici la question de savoir lequel de ces deux intérêts doit céder à l'autre. On doit penser que dans la matière que je traite, et dans l'opinion que l'indépendance est le premier intérêt comme le premier besoin

des nations, je ne pourrais être juge impartial
de cette question, mais je parlerai dans l'intérêt
même de la ville et de ses manufactures. Je sais
qu'en général les manufactures fuient le bruit des
armes ; je sais que pendant la durée d'un siége,
pendant celle d'un blocus plus longue encore,
toute relation extérieure cesse, toute affaire est
interrompue, et, par suite, tout travail est sus-
pendu. Qu'il peut résulter de cette interruption
des pertes qui entraîneront la ruine complète de
fabricants dont les profits sont sur-tout fondés
sur la continuité du travail, et des malheurs infinis
dans l'existence d'une population dont le patri-
moine est entièrement dans les manufactures. Je
sais que le mal ne sera pas borné à la ville, qu'il
s'étendra encore à l'extérieur ; car les engage-
ments contractés ne pourront plus être rem-
plis aux époques souscrites ; ce sera avec timidité
qu'on liera ses intérêts avec ceux du commerce
d'une ville exposée à des chances si fâcheuses, et
celui-ci se trouvera dans la malheureuse situation
d'être privé de ressources extérieures, c'est-à-dire,
de languir sans espérance de prospérité, et de recevoir à chaque guerre un coup qui peut l'anéantir. On doit voir la principale source de la marche
rapide des manufactures d'Angleterre, dans l'iso-
lement de cette puissance qui depuis long-temps

la garantit de toute guerre sur son propre territoire, où règne une tranquillité amie des arts et
des travaux de l'industrie. Si l'on joint à ce qui
précède tous les malheurs d'un siége qui peut
porter par-tout l'incendie, consumer les richesses
des magasins, les machines, les établissements de
toute espèce qui couvrent le sol d'une ville ma-
nufacturière, on aura, je crois, le tableau des
plus fortes objections que l'on puisse présenter
contre la création en place de guerre, d'une ville
de manufactures.

La question envisagée ainsi est toute défavorable à cette création, mais tâchons d'y répondre et
d'y opposer même quelques avantages. D'abord relativement aux relations extérieures, nous observerons qu'en temps de guerre, qu'une ville soit
fortifiée ou ne le soit pas, il suffit que l'ennemi
soit maître du pays pour arrêter toute affaire, au
moins jusqu'à ce qu'on ait ouvert de nouvelles
routes au commerce. L'absence des relations extérieures n'arrêtera pas le travail intérieur, si
nous donnons à notre place une étendue qui lui
permette de renfermer dans son enceinte tous les
moyens qu'elle met en œuvre, de manière à pouvoir se suffire à elle-même. De plus, si nous lui
accordons un degré de force qui la fasse respecter
de l'ennemi, et que, loin d'oser en entreprendre le

siége, celui-ci craigne même de se placer sous son
influence, alors la confiance dans la sûreté de ses
affaires s'établira précisément à cause de ces fortifications que l'on redoute tant, et elle deviendra
le point principal des intérêts commerciaux du
royaume. Nos voisins, toujours jaloux de la prospérité de nos manufactures, à la première guerre,
ne dirigeront-ils pas leur ingression sur Saint-
Quentin, dans l'intention d'en détruire les établissements? C'est alors, mais trop tard, que
les fabricants regretteront des murailles protec-
trices ! Le bombardement de Lille, en 1792,
a causé quelques dégâts dans cette ville, mais
peuvent-ils être comparés aux pertes énormes que
le commerce en eût éprouvées, si Lille eût été une
ville ouverte où l'ennemi fût entré pour en détruire les manufactures? Troyes, Maubeuge, ont,
en 1814, été les victimes de ce funeste esprit de
destruction : les métiers ont été rompus; les cy-
lindres, les engrenages enlevés dans les principales manufactures, et cela pour satifaire à ce
système machiavélique de nos voisins qui ne peuvent souffrir ni égaux ni concurrents à l'industrie.
Cet exemple doit faire voir à la ville de Saint-
Quentin ce qu'elle a à redouter un jour pour elle-
même. Hâtons-nous donc de la protéger par tous
les moyens qu'offre la fortification; mais don-

nons à celle-ci l'étendue et la force qui peuvent constituer le plus grand degré de résistance dans l'intérieur et la plus grande influence au-dehors; alors, mais seulement alors, loin d'avoir à redouter tous les fléaux qui menacent une place forte, elle se trouvera garantie de tous ceux que la jalousie de nos voisins pourrait un jour exercer contre elle. Mais si, malgré ces raisons que je crois péremptoires, les craintes du commerce font céder à l'intérêt de la défense et même à son propre intérêt, et que le projet de fortifier Saint-Quentin soit rejeté, l'on ne peut refuser à cette frontière la création d'une nouvelle place à la Capelle ou à Hirson et l'augmentation des fortifications des places de La Fère et Péronne, qui les rendent susceptibles d'une plus grande influence. Dans cette circonstance, on devrait encore jeter les yeux sur Ham; la défense tirerait un grand avantage d'une place qui y serait créée. Cette petite ville est située sur la Somme au milieu de la vallée élargie de cette rivière. Nulle part dominée, elle peut tirer encore de grands avantages défensifs de la Somme, pour tendre des inondations sur ses fronts et du canal qui la traverse, pour jeter des eaux dans ses fossés.

Poursuivons maintenant les ingressions que l'ennemi peut tenter par le nord de nos frontières.

L'ancienne Flandre occupe toute cette portion qui nous reste à examiner, depuis la Meuse jusqu'à la mer : comme pays conquis et comme pays de plaines, cette province a été couverte de places fortes et fut l'objet de tous les soins du maréchal de Vauban. Un auteur a dit qu'elle était **plus** fortifiée que forte, ce qui caractérise assez et les efforts de l'art et le peu de ressources qu'offre la nature pour la défense. Cependant la nature n'a pas refusé entièrement à cette frontière des moyens de défense, et le génie de Vauban a su savamment s'emparer des ressources qu'elle lui présentait. Ces ressources sont les cours d'eau et la mer même à l'aide desquels il a couvert son sol d'inondations, et de canaux dont la chaîne presque continue donne des lignes de défense, des appuis aux armées défensives, et sont, pendant **la** paix, une source de prospérité publique, comme ils sont, pendant la guerre, les moyens d'une bonne défense. Mais un système de défense par les eaux demandait un grand nombre de places pour servir de tête de pont, afin d'agir au-delà des eaux, et pour couvrir les écluses d'inondations ; aussi en remarque-t-on un grand nombre sur cette frontière, dont presque toutes ont une utilité marquée. Le jeu des eaux dans cette défense, l'intelligence avec laquelle on a organisé les ressources militaires de ce pays serait sans doute le tableau le plus intéressant à présenter à la méditation des hommes qui s'occupent de ces questions; mais ce serait sortir des généralités qui font le plan de ce mémoire, je me bornerai donc ici, comme dans ce qui précède, à examiner si les armées défensives trouveront dans les places existantes sur cette frontière tout ce qui est nécessaire à leur action.

L'ennemi réuni à Mons, menace de pénétrer en France par Maubeuge ou par Valenciennes, ou entre ces deux places par Bavay et la chaussée Brunehaut. Dans tous les cas, l'armée défensive prendra position en avant de Bavay. L'ennemi ne se portera sans doute ni sur Maubeuge ni sur Valenciennes, avant d'avoir forcé l'armée défensive par une première bataille. Après la perte de cette bataille, l'armée prendra la ligne de la Sambre appuyée à Maubeuge et Landrecies, ou celle de l'Escaut appuyée à Bouchain et Cambray, ou enfin n'abandonnera point le pays d'entre la Sambre et l'Escaut, mais continuera à le couvrir en s'aidant du Quesnoy, de la forêt de Mormal et des cours d'eau le long desquels elle trouvera des lignes et des positions défensives, laissant sur les flancs de l'ennemi Maubeuge et Valenciennes. Le choix en faveur de l'une de ces positions de l'armée après la bataille sera déterminé d'après les résultats mêmes de cette bataille. Dans tous les cas, l'ennemi n'osera pénétrer par la chaussée Brunehaut dans le pays entre la Sambre et l'Escaut, avant de s'être emparé de Maubeuge ou de Valenciennes, si ces places sont à grande influence; il est donc essentiel de les rendre telles. Supposons que l'ennemi se soit déterminé au siége de Maubeuge, après la prise de cette place, la ligne de la Sambre est tournée et l'ennemi peut se porter par Avesnes et la Capelle, ou par Landrecies et Guise, sur le pays entre l'Aisne et l'Oise; il auroit moins d'avantages à pénétrer par le Quesnoy à cause de l'action des garnisons de Valenciennes et de Cambray. Néanmoins, l'armée défensive, après la prise de Maubeuge, laissera un corps d'armée agir sous la protection du Quesnoy, le long de la Ronelle, et appuyé à la forêt de Mormal, tandis qu'elle viendra prendre position derrière la grande Helpe ou qu'elle disputera le terrain pied-à-pied à l'aide des bois de la Thiérache et appuyée par les places d'Avesnes et de Landrecies. Ces défenses forcées, l'ennemi tombera sur celles de l'Oise par Guise ou la Capelle. Cette dernière place, comme on le voit, prendra encore ici une action qui la rendra de nouveau importante à la défense. Dans cette défense, il est essentiel que Maubeuge et la Capelle soient des places à grande influence. Avesnes, le Quesnoy, peuvent rester ce qu'elles sont, des places à l'abri d'un coup de main. Landrecies, placé à là naissance de la navigation de la Sambre, à portée d'un pays fertile, pouvant servir à alimenter l'armée vers la basse Sambre, et dont l'importance s'est fait sentir si utilement en 1543 et 1712, doit être distinguée du rang des deux premières.

Si l'ennemi, après le gain d'une bataille, se porte sur Valenciennes, il fera sans doute précéder le siége de cette place de la prise de Condé qui, par sa proximité de sa ligne d'opération, gênerait trop ses communications, à moins qu'il n'ait des forces suffisantes pour en tenir la garnison bloquée dans ses murs, pendant qu'il fera le siége de Valenciennes. La possession de Condé lui sera en outre avantageuse pour sa communication avec Mons, en le rendant maître du canal qui joint cette place à l'Escaut, lequel aboutit à Condé. Après la prise de Valenciennes, l'armée défensive couvrira Cambray en se retirant, et à l'aide des cours de l'Ecaillon et de la Selles appuyée à l'Escaut, elle pourra encore arrêter l'ennemi, si pendant le siége de Valenciennes elle a su réparer ses pertes. Les inondations de l'Escaut et de la Sensée seront tendues à l'aide des digues de Bouchain, afin d'assurer la gauche de l'armée; mais si elle est encore forcée dans ces positions, elle se retirera derrière l'Escaut par Manières, couvrant Péronne ou Saint-Quentin, laissant l'ennemi faire le siége de Cambray, pendant lequel elle réparera ses pertes. La ligne que prendra ensuite l'armée défensive sera celle de la Somme, dont Péronne et Saint-Quentin, si on érige celle-ci en place forte, seront les principaux appuis. Enfin, l'Oise pourra encore lui fournir une dernière ligne de défense; et dans cette dernière défense, Soissons pourra servir aux manœuvres de flanc.

En 1793, l'ennemi, après avoir pris Valenciennes, et tourné toute la droite de l'armée française, qui se retira dans le camp de César sous Bouchain, s'étant emparé du pont de Manières et de la route de Péronne, l'armée défensive fut contrainte de se retirer sur Arras, et les partis ennemis arrivèrent jusqu'à Péronne et Saint-Quentin. Cette leçon de l'histoire doit faire juger de l'importance de ce passage, et il sera essentiel de s'en assurer la possession.

Dans la défense que nous venons de tracer, Valenciennes, Cambray, Péronne ou Saint-Quentin doivent être des points d'une grande influence défensive; Bouchain est utile pour couvrir les digues d'inondation de l'Escaut et de la Sensée;

Condé, au confluent de la Haisne et de l'Escaut,
nous rend maîtres de la navigation de l'Escaut
et du canal de Mons, couvre les deux attaques dirigées sur Valenciennes par Mons et Tournay.
Cependant nous remarquerons que la position de
cette place eût été plus avantageusement choisie
à la rencontre de la Scarpe et de l'Escaut, d'où
l'on eût pu tendre en même temps les inondations
de ces deux rivières.

De Tournay, l'ennemi menace Valenciennes,
Lille et Douay; mais il ne pourra pénétrer jusqu'à celle-ci qu'après s'être emparé de l'une des
premières. Cette portion de la frontière est sans
doute la plus formidable; et vouloir pénétrer en
France par ce côté, ce serait vouloir attaquer le
taureau par les cornes. Valenciennes, Lille, Arras
et Cambray forment un carré défensif au centre
duquel se trouve encore Douay; on serait même
tenté de regarder cette dernière place comme un
surcroît de défense. Cependant ne nous hâtons
pas d'en consacrer la suppression; elle a des propriétés qui la rendent encore précieuse pour la
défense. Douay, ferme la trouée laissée entre
Lille et Valenciennes, permet d'agir contre l'ennemi occupé aux sièges de ces places, nous rend
maîtres de la navigation de la Scarpe, du canal
de la haute Deûle et de celui du Décours, c'est la

base d'opération, le dépôt général et l'arsenal de
cette frontière. L'Escaut, la Scarpe, la Sensée, de
nombreux canaux, de grandes inondations aug-
mentent encore, par des obstacles naturels, les
ressources de la défense déja favorisée par tant
de places fortes. L'armée défensive trouvera dans
ces places et ces cours d'eau de grandes facilités
pour manœuvrer l'ennemi sur son front et sur
ses flancs, et des lignes d'une excellente défense.
Il est inutile, pour l'objet que nous proposons,
d'entrer dans le détail des mouvements auxquels
peut donner lieu cette défense; il nous suffit de
nous être convaincus que l'armée défensive trouvera dans les places fortes existantes tout ce qui
peut assurer et faciliter ses manœuvres, sans qu'il
soit nécessaire d'y joindre de nouvelles créations,
et que l'ennemi y sera arrêté par des places dont
la valeur, augmentée des inondations dont on a
su les entourer, lui fera cousumer un temps que
l'on pourra mettre à profit pour reprendre sur lui
l'offensive. La place de Bapaume, comprise dans
cette défense, n'y a pas une grande influence, à
moins qu'on la regarde comme pouvant servir à
agir contre l'ennemi occupé au siége d'Arras ou à
celui de Cambray, et comme couvrant la ligne
de la Somme et les places de Péronne et d'Amiens
après la prise des premières. Mais nous croyons

que pour ajouter une dernière ligne de défense à
cette frontière et donner plus de valeur à Péronne,
il conviendrait qu'Amiens devînt encore une
place à grande influence, d'où l'on pût agir sur
l'ennemi occupé au siége de Péronne, et qui appuierait la ligne de la Somme, rivière que la nature marécageuse de ses bords rend susceptible
d'une excellente défense, et la dernière que nous
puissions opposer à l'ennemi jusqu'à Paris.

La frontière depuis Lille à la mer est ouverte
à l'ennemi, aucun obstacle naturel, aucun cours
d'eau, aucune place forte près de cette frontière
n'y favorise la défense ; ce n'est qu'en arrière que
l'on trouve une suite de canaux qui, de Gravelines, s'étendent par Saint-Omer jusqu'à la Lys, et
s'étendraient même jusqu'à l'Escaut par la Sensée,
si l'on construisait un canal de la Gorgne à la
Bassée, où la ligne est interrompue. Ce canal
aurait l'avantage de fermer la trouée laissée entre
ces deux points, et de couvrir Béthune qui la défend. La longue ligne de canaux et de cours d'eau
que nous venons de citer, appuyée d'une part à
Dunkerque, Bergnes, Gravelines, et même Calais, qui forment un ensemble de défense par les
canaux et les inondations qui les joignent, et de
l'autre à la Scarpe et à Douay, soutenue ou protégée par les places d'Ardres, Saint-Omer, Aire,

Saint-Venant et Béthune, ayant en tête Lille, constitue une ligne d'une très bonne défense.

Nous ferons observer que cette frontière, appuyée à la mer, peut être attaquée de flanc; et l'armée défensive, manœuvrant sur le front de la frontière, peut être tournée par un débarquement sur la côte. C'est à cette double attaque à laquelle l'armée peut être exposée qu'il est nécessaire que l'organisation défensive réponde. Si la nature du pays n'offre pas près de la frontière de ces lignes défensives déterminées, du moins elle ne s'oppose point à ces grandes manœuvres sur les flancs et les derrières de l'ennemi. L'essentiel de la défense est donc ici de donner à cette armée les points d'appui et les bases d'opération qui peuvent favoriser et assurer ses mouvements. C'est pour remplir le premier but que je crois nécessaire de placer dans l'intervalle de Lille à la mer un point résistant et à grande influence, qui soit une tête de frontière dans la défensive, une base d'opération dans l'offensive; à moins que l'on regarde comme suffisant à la défense l'excellente position de Cassel, déja célébre par trois batailles; mais alors il conviendrait d'ajouter à cette position tout ce qui peut la rendre formidable, car elle est la clef de la première défense de la frontière. Mais suivons la marche de l'ennemi et celle de l'armée défensive sur cette frontière.

L'ennemi, réuni à Ypres, menace le département du Nord. Lille et Dunkerque appuient les opérations de l'armée défensive sur le bord de la frontière, et favorisent son action sur les flancs de l'ennemi ; Saint-Omer sera la base d'opération de cette première défense, et Cassel la position à occuper. Il sera essentiel que l'armée résiste sur-tout par sa droite. Si l'ennemi parvenait à forcer celle-ci par un grand succès, il serait à craindre que l'armée défensive fût acculée à la mer. La gauche de cette frontière, quoique présentant quelques grandes places, ne donne pas ici la faculté de manœuvrer l'ennemi par cette gauche, en y prenant de nouvelles lignes d'opération, car l'armée découvrirait sa ligne d'opération principale, et ne trouverait pas de retraite dans celle de manœuvre qui aboutirait à la mer. La défense saura tirer parti du cours de la lys et des canaux dont nous avons parlé ci-dessus ; de nombreuses places fortes appuieront cette défense, et faciliteront les mouvements de flanc ; mais Saint-Omer en sera la principale clef. L'armée, battue dans cette position, défendra le terrain pied-à-pied, et trouvera dans la place d'Arras le moyen d'agir par la droite sur les flancs de l'ennemi.

Deux cours d'eau, la Cauche et l'Authie, se présentent encore à la défense, mais ce sont de faibles lignes ; la première est appuyée par Hesdin,
la seconde par Doulens ; c'est le seul objet de ces
deux places. Forcée dans toutes ses positions,
l'armée défensive aurait pour dernière ressource
la ligne de la Somme, appuyée à Amiens, Péronne et Abbeville ; mais Amiens devrait être la
clef de cette défense. Ici serait le terme de notre
défense organisée jusqu'à Paris, on ne se battrait
plus qu'à l'aide des positions et des cours d'eau,
et en manœuvrant l'ennemi par la droite.

A l'égard des entreprises de l'ennemi sur les
derrières de l'armée défensive, à l'aide d'un débarquement, Dunkerque, Gravelines, Calais,
Boulogne, Montreuil, Abbeville, s'opposeront
aux débarquements ou aux progrès de l'ennemi,
en favorisant l'action d'un corps d'armée qui ma-
nœuvrerait entre ces places, dans le but de couvrir les derrières de l'armée défensive et ses lignes
d'opération. Mais je n'entrerai dans aucun détail
à cet égard, l'on doit voir que cette frontière a
tout ce qu'il faut pour sa défense ; c'est aux généraux chargés de son exécution à savoir en tirer
parti.

Telles sont les principales ingressions que l'ennemi peut tenter sur notre territoire, et telle est

l'organisation défensive permanente que nous croyons devoir être donnée à nos frontières, pour que les armées qui seront chargées de leur défense y trouvent faculté dans leurs manœuvres, appui dans leurs positions, protection dans leurs retraites, aliments dans leurs besoins.

Le but que je me suis proposé n'a pas été d'entrer dans l'examen de tous les mouvements d'armées dont est susceptible la défense de nos frontières. Ce but serait d'autant plus difficile à remplir, que la question se complique d'un grand nombre de circonstances qui tiennent aux puissances que nous aurions à combattre, à la nature de la guerre que nous ferions, aux événements fortuits qui, dans le cours d'une guerre, en varient de mille manières et la nature et la marche; cette multitude d'hypothèses de guerre et d'éléments variables ne permet pas d'asseoir la question sur aucune supposition qui puisse conserver un caractère de vraisemblance; elle ne peut être traitée que par les grandes données qui en amènent une solution générale, qui, seule, est du ressort de raisonnements positifs. J'ai essayé cette solution, et en ai déterminé les bases. Ces bases consistent, 1° dans la création de grandes places situées sur l'extrémité de la frontière, devant servir de bases d'opération dans l'offensive sur le territoire ennemi ; 2° dans de grandes places intérieures pour servir de bases d'opération aux armées dans la défensive sur notre propre territoire ; ces places tirant leur degré d'étendue de la nature du terrain, qui détermine aussi la force des armées à employer à sa défense, plus grandes dans les pays de plaines, moindres pour ceux de montagnes, telles que les Pyrénées, les Alpes et les Vosges ; 3° dans l'écartement modéré des grandes places, qui ne laisse pas entre elles, ainsi que le propose M. le général Sainte-Suzanne, un espace de quarante-sept lieues, lequel rend nulle et absolument nulle leur influence les unes sur les autres et sur une trop grande partie de leur intervalle ; 4° Dans de petites places ou forts à l'abri d'un coup-de-main, pour assurer des positions d'armées, fermer les passages dans les montagnes, couvrir des écluses et des digues d'inondations dans les vallées, servir de tête de pont sur les rivières.

Nous ferons observer que si par des camps retranchés on rend les grandes places susceptibles de recevoir des armées entières, elles seront pour nous ce qu'étaient pour les Romains ces camps où ils bravaient la supériorité de leurs ennemis, évitaient les batailles sans être obligés de se replier en perdant du terrain, jusqu'à ce qu'ils aient trouvés l'occasion de combattre avec avantage. La nature de nos armes ne nous permettant plus l'usage de ces sortes de camps construits avec promptitude au lieu et au moment du besoin, et si avantageux chez les Romains, les grandes places avec leurs camps retranchés pourront les remplacer chez nous efficacement.

A l'égard de ces petites places sur les rivières que j'appelle têtes de pont, je crois devoir insister sur leur importance dans les manœuvres. Elles rendent maîtres du cours des rivières, permettent de passer continuellement de l'une à l'autre rive, et de se porter à l'improviste sur les flancs ou les derrières de l'ennemi, tandis que la rivière elle-même vous couvre contre ses entreprises. Une rivière ne rendra à la défense tous les services dont elle est susceptible qu'autant qu'un certain nombre de ces têtes de pont se trouveront sur son cours. On agira alors sans obstacles sur l'ennemi par ces manœuvres de flanc, qui sont l'essence de la guerre défensive.

Nous remarquerons que les manœuvres de flanc n'ont pas dans l'offensive le même avantage que dans la défensive. M. le général Rogniat, dans ses considérations sur l'art de la guerre, ouvrage rempli d'excellents principes et de réflexions judicieuses, observe avec raison que les manœuvres de flanc obligent le plus souvent l'ennemi à quitter sa position et à se retirer; on le force ainsi à se concentrer sur ses moyens, et à augmenter ses forces de toutes celles qu'il trouve dans l'intérieur, tandis qu'alongeant votre ligne d'opération vous affaiblissez les vôtres. Il est donc plus avantageux dans l'offensive de décider d'abord la question par une attaque de front. Mais il n'en est pas de même dans la défensive. Cette guerre se fait ordinairement avec des forces inférieures qui n'auraient que du désavantage dans des attaques de front; et le but essentiel de la défense étant de faire sortir l'ennemi du territoire qu'il a envahi, avec les moindres pertes possibles, les manœuvres de flanc sont ici les seules admissibles pour remplir ce double objet. Napoléon, en 1814, n'a pu résister si long-temps avec soixante mille hommes à toutes les forces de l'Europe, que par ses savantes manœuvres de flanc contre les colonnes ennemies.

Après avoir pourvu à la défense permanente de nos frontières, assuré celle de Paris, qui est comme la base générale d'opération de la défense d'une grande partie de ces frontières, il ne nous reste plus qu'à organiser la ligne de la Loire. La base des opérations de la défense le long de cette ligne, serait en une position centrale, dans l'es-

pace formé par cette portion circulaire de la rivière, qui présente sa convexité à l'ennemi. La
position de Vierson paraîtrait être la plus favorable. Située à la rencontre de plusieurs rivières,
dont la fortification tirerait de grands avantages,
sur la principale route venant d'Orléans, **en
communication avec tous les points de la rivière,
elle remplirait bien tout le but de la défense.**
Place créée pour son objet, il serait possible de la
rendre toute militaire ; n'ayant rien qui en gênât
la défense, celle-ci pourrait être poussée avec la
dernière vigueur. **Ce serait la citadelle de la
France.** Il conviendrait aussi d'appuyer la ligne
de la Loire par des places à Tours, à Orléans et
à Moulins ; cette dernière, dirigée contre les ingressions des Alpes, et liant la défense de la Loire
avec celle des Cevennes. Blois, Gien, la Charité,
recevront des ouvrages comme têtes de pont au
moment du besoin. Cet ensemble de points fortifiés formerait un vaste camp retranché au centre
de la France, dont la Loire serait le fossé et
Vierson le réduit. Ce serait au milieu de cette
enceinte fortifiée que devrait être placé l'arsenal
général de la France, loin des atteintes de l'ennemi, et à portée de fournir à toutes les frontières.

Tant de construction effraiera sans doute, et
je ne propose cette dernière défense, ainsi que

celle des Cevennes à l'aide de Clermont, que comme résolvant complétement le problème de la défense de la France contre toute nature d'invasion.

Nous terminerons ce mémoire par le tableau des grandes places que nous croyons devoir exister en France, pour en constituer la défense dans le système développé ci-dessus. Nous les partagerons en deux classes : celles de première classe devant servir aux grandes armées ; celles de seconde, à des armées moins considérables, agissant sur des obstacles naturels.

Nous ne ferons point mention dans ce tableau des places maritimes, à moins qu'elles n'entrent dans la défense de terre ; nous n'y ferons point entrer ces petites places ou forts à l'abri d'un coup de main, destinés à fermer des passages dans les montagnes, à servir de tête de pont sur les rivières, etc. ; ce seront les localités qui en détermineront le nombre et la nature. Plusieurs de ces forts ou petites places pourront d'ailleurs n'être construits en tout ou en partie qu'au moment du besoin.

TABLEAU

DES PLACES FORTES

NÉCESSAIRES A LA DÉFENSE DE LA FRANCE *.

PREMIÈRE CLASSE.	DEUXIÈME CLASSE.
DÉFENSE SUR LA FRONTIÈRE.	
Frontière des Pyrénées.	
** Toulouse.	Bayonne.
	Perpignan.
	Saint-Jean-Pied-de-Port.
	Mont-Louis.
	Belle-Garde.
Frontière des Alpes.	
Lyon.	** Gap ou Sisteron.
	Mont-Dauphin.
	Briançon.
	Grenoble.
	* Valence.
	** Chalons-sur-Saône.
	Besançon.
	** Dijon.

* Dans ce tableau, les places qui sont sans astérisques existent déjà ; celles qui en ont un existent, mais ont besoin d'être augmentées par des camps retranchés ou autrement, ou relevées en grande partie ; enfin celles qui ont deux astérisques sont entièrement à construire.

11.

PREMIÈRE CLASSE.	DEUXIÈME CLASSE.

Frontière du Rhin et des Vosges.

PREMIÈRE CLASSE.	DEUXIÈME CLASSE.
STRASBOURG.	* BÉFORT.
	* WEISSEMBOURG.
	* BITCHE.

Frontière entre le Rhin et la Meuse.

PREMIÈRE CLASSE.	DEUXIÈME CLASSE.
METZ.	** SARREGUEMINES.
VERDUN.	THIONVILLE.
STENAY.	* LONGWY.
	MÉZIÈRES.

Frontière entre la Meuse et la mer.

PREMIÈRE CLASSE.	DEUXIÈME CLASSE.
VALENCIENNES.	GIVET.
LILLE.	* MAUBEUGE.
SAINT-OMER.	** LA CAPELLE.
	CAMBRAY.
	DOUAY.
	ARRAS.

PREMIÈRE CLASSE.	DEUXIÈME CLASSE.

DÉFENSE INTÉRIEURE,

DONT LES PLACES NE SONT PAS DÉSIGNÉES CI-DESSUS.

Ligne de la Marne.

| ** Chalons-sur-Marne. | ** Langres.
 * Chaumont. } * |

Ligne de Meurthe et Moselle.

| *Nota.* Metz fait partie de cette ligne.
 ** Nancy **. | Toul. |

Ligne de l'Aisne.

| ** Réthel. | Soissons. |

Défense entre l'Aisne et l'Oise.

| | * Laon. |

---

* Ces deux places constituent ensemble l'occupation de ce point important de la frontière.

** Si Nancy n'est point fortifié, on ne peut se refuser à augmenter Toul, à fortifier Lunéville, et à organiser d'une manière défensive la ligne de la Seille.

PREMIÈRE CLASSE.	DEUXIÈME CLASSE.

Ligne de la Somme.

PREMIÈRE CLASSE	DEUXIÈME CLASSE
** Saint-Quentin *.	Péronne.
* Amiens.	Abbeville.

Ligne de la Seine.

PREMIÈRE CLASSE	DEUXIÈME CLASSE
** Paris.	

Ligne de la Loire.

PREMIÈRE CLASSE	DEUXIÈME CLASSE
** Vierson.	** Tours.
	** Orléans.
	** Moulins.

Défense dans les Cévennes.

	** Clermont.

* Les places de Guise et La Fère resteront ce qu'elles sont, c'est-à-dire des têtes de pont à l'abri d'un coup de main ; mais si il est décidé que Saint-Quentin ne sera pas fortifié, ces places, ainsi que Ham, devront être augmentées.

Tel est le tableau des places fortes qui rendraient complet notre système de défense permanente, en y joignant les forts et têtes de pont que les localités, et un plus grand détail de la défense, feront connaître devoir être nécessaires. Sans doute le gouvernement ne saurait entreprendre à-la-fois la construction de toutes ces places; il ne le fera que par la suite des temps. Son premier travail doit être d'augmenter les places qui existent déja, afin de leur donner le degré d'influence que réclame le rôle qu'elles doivent jouer dans la défense. Il entreprendra ensuite les places de nouvelle création, et sur-tout celles qui occupent des points stratégiques, et sont comme les colonnes de la défense. Telles sont Lyon, Langres, Nancy, Châlons-sur-Marne, Sarreguemines, Réthel, Saint-Quentin, Paris, Toulouse. La défense de la Loire, celle dans les Cévennes, ne pourront être entreprises qu'après que le gouvernement aura pourvu à la précédente, sur laquelle repose essentiellement la garantie de notre existence politique.

Voilà de grandes dépenses à la charge du budget du ministre de la guerre; mais l'existence de notre patrie s'y rattache. Députés d'une nation qui vous a confié ses plus grands intérêts, ne compromettez pas son sort par des économies mal appliquées et qui semblent être un succès, quel que soit l'objet sur lequel elles tombent. Confiez-vous au caractère loyal du ministre, et soyez persuadés qu'il n'y a pas de fonds plus immédiatement appliqués à l'intérêt national, que ceux dont il vous garantit l'emploi.

Les pertes que nous avons faites par les derniers traités ne rendent que trop importante et trop pressante la nécessité de nous occuper de l'organisation de notre défense permanente. Ce n'était pas assez pour nos ennemis de nous avoir rejetés loin de notre frontière naturelle ; ce n'était pas assez d'avoir diminué par-là notre territoire, sans compensation pour les pertes que la France a éprouvées dans ses colonies, et lorsque le territoire de chacun d'eux s'est accru de toutes parts, ces frontières qu'ils nous laissent parcequ'elles étaient les nôtres autrefois ne nous sont même pas accordées dans toute leur intégrité. Elles sont ouvertes sur un grand nombre de points. La perte de la Savoie nous ôte la défense dans les montagnes, en nous rejetant au pied des Alpes, et ne nous laisse pour frontière qu'un ruisseau à sec en été. La cession du pays de Porentruy tourne toute la défense du Haut-Rhin. La démolition de Huningue livre le passage du Rhin à Bâle, et nous fait perdre une grande partie de notre influence sur les déterminations de la Suisse. La perte de Landau ouvre le nord de l'Alsace ; celle de Sarre-Louis nous fait perdre la ligne de la Sarre et ouvre à l'ennemi l'entrée de la Champagne et de la Lorraine. L'occupation par les Bavarois d'Ober-Steimbach et Nider-Steimbach coupe la communication de Bitche à Weissembourg, et tourne la ligne de la Lauter (1). Enfin la cession de Philippeville et de Marienbourg détruit notre frontière sur ce point, et livre à l'ennemi la Champagne ou les pays qu'arrosent l'Oise, la Somme et l'Aisne. Il est facile de voir que les alliés, dans ces arrangements, n'ont eu en vue que de s'ouvrir des portes pour pénétrer de toute part en France. Ces arrangements sont tout hostiles contre la France, et forcent la mesure des choses dont l'existence ne veut que ce qu'accordent la nature, la justice et la raison.

Nous avons établi les principes qui doivent guider dans l'emploi des forces actives concurremment avec l'influence des places fortes pour la défense d'un état ; mais il est encore des moyens

______

(1) Il est à espérer que la délimitation définitive de nos frontières rectifiera les désavantages actuels de celle-ci, et que nous rentrerons dans la ligne de la Lauter, telle que le traité de Paris nous l'a donnée.

législatifs et moraux qui servent de puissants auxiliaires aux forces positives de l'état, ou qui en sont les moteurs; jetons un coup-d'œil rapide sur ces moyens.

La force d'un état est dans les armées de terre et de mer qu'il peut opposer à l'ambition des autres puissances, et dans l'organisation défensive de son territoire par les places fortes; mais, pour mettre en action tous ces moyens, il faut aux princes des richesses annuellement renaissantes. Rien n'est plus juste que la réponse du maréchal de Trivulce à Louis XII, qui lui demandait ce qu'il fallait pour faire la guerre avec succès: « Trois « choses sont absolument nécessaires, répondit le « maréchal, premièrement de l'argent, seconde- « ment de l'argent, troisièmement de l'argent. » Un prince doit donc s'appliquer à entretenir les sources de ces richesses, et à les rendre abondantes et perpétuelles. Ainsi l'agriculture, le commerce, les manufactures, sans lesquelles il ne peut exister ni grandeur ni forces physiques et politiques, ni prospérité au-dedans ni action au-dehors, doivent être sans cesse l'objet de ses sollicitudes. Ce sont encore des éléments de la défense.

Montesquieu remarque que les fondateurs des anciennes républiques, par le partage des terres, avaient formé des peuples puissants et de bonnes armées, parceque chacun avait un égal intérêt et très grand à défendre la patrie.

Cette observation de Montesquieu condamne la grande propriété comme opposée à la force défensive d'un état, parcequ'elle est nécessairement accompagnée de la misère d'un trop grand nombre d'individus. Elle répond à ceux qui vantent ce système, et veulent l'introduire en France par des priviléges et des prérogatives attachés à la grande propriété.

Les princes doivent donc, par des combinaisons sages, prévenir le partage trop inégal des terres, et sur-tout ces trop grandes propriétés qui placent toutes les richesses de l'état entre les mains d'un petit nombre d'individus, lorsque le reste de la nation languit dans le besoin. Le despotisme et la servitude sont bien près d'une semblable organisation, car elle met le peuple dans la dépendance des grands; et comme le peuple, dont la misère s'accroît en proportion que l'opulence des grands augmente, se lasse enfin de souffrir, elle amène les révolutions. Le repos des états, leur force extérieure, leur existence même, repoussent donc le système des trop grandes propriétés.

En multipliant les propriétés l'on multiplie aussi le nombre des individus intéressés à la tranquillité du gouvernement, à l'indépendance politique de la nation. Cependant il faut se garder de croire que le but vers lequel il est essentiel de tendre soit cette égalité idéale aussi dangereuse à proposer qu'impossible à établir, maxime désastreuse, destructive du commerce, de l'industrie et des arts ; il est un terme où doit s'arrêter la division des propriétés, au-delà duquel l'agriculture même souffriroit, et par suite la prospérité publique. C'est ce terme qu'il est important de saisir et d'entretenir par des dispositions judicieuses dans tout état bien réglé.

Mais il ne suffirait pas pour la garantie de notre indépendance politique d'organiser nos frontières, de couvrir notre sol de places fortes, d'avoir une armée formidable, si nous n'y joignions un élément qui vaut mieux encore, qui est indispensable même, celui qu'une nation tire de l'énergie de ses habitants, de ce feu sacré que l'amour de la patrie met dans le cœur d'un peuple attaché aux institutions qui le gouvernent, de ce concours unanime d'opinions qui bannit cet esprit de parti qui, tôt ou tard, devient un esprit de discorde. La Prusse, comme le remarque un de nos publicistes modernes, en exaltant l'enthousiasme politique de ses habitants par la promesse solennelle d'institutions, objet de leurs vœux et de l'opinion du siécle, a fait elle-même l'expérience que c'est dans la nation même que réside le vrai ressort de la puissance des états ; et la chute du gouvernement de Napoléon, le plus fortement constitué de tous les gouvernements militaires qui aient pesé sur le monde, prouve combien les souverains se trompent, en cherchant leur force hors de la nation.

C'est donc dans l'attachement des peuples à leur gouvernement, aux institutions qui les régissent, à leur liberté politique que l'on trouvera cette force morale qui peut seule animer les moyens matériels de la défense. Il est essentiel de constituer cette force morale dans les états. Chez les républiques anciennes il existait au plus haut degré ; c'est par elle que les Grecs ont su résister aux invasions du roi de Perse, que les républiques d'Italie ne cédèrent aux Romains qu'après cinq cents ans de combats, que Rome et Carthage se firent ces guerres, où la haine, la jalousie, l'ambition de dominer le monde, qui ne pouvait plus les contenir ensemble, mirent en jeux ces passions, d'où naquit cette force morale qui leur donna si souvent la constance de supporter leurs revers et la force de les réparer avec le concours de tous. Ce fut aussi une force morale, l'amour de l'indépendance, qui, dans les temps modernes, affranchit la Suisse et la Hollande.

Des passions diverses ont donné cette force morale aux nations. Dans les pays soumis au despotisme, où l'amour des institutions ne peut attacher les peuples au gouvernement ni à l'indépendance nationale, souvent le fanatisme la produi-
sit. Mahomet, génie ardent, esprit fin, rusé politique, sut habilememt mettre en action toutes
les forces morales de l'homme. Le koran qu'il fit
envisager comme une inspiration divine, livre
plein de désordre et d'éloquence, fait pour inspi-
rer l'enthousiasme et fanatiser les esprits, donna
des défenseurs opiniâtres à son empire, des pro-
pagateurs ardents de sa loi. Il fonda l'édifice de
sa puissance sur ces quatre colonnes, obéissance
aveugle, prédestination irrésistible, ignorance
absolue, jouissances éternelles, et maître ainsi
de tous les leviers du cœur humain, le sabre d'une
main, l'alcoran de l'autre, il jeta les fondements
d'un empire et d'une religion dont les rameaux
couvrent une grande partie du globe.

Mais le fanatisme religieux n'a plus chez nous
cette puissance qui le transforme en force active,
et qui, pendant deux cents ans, conduisit l'Europe chrétienne à la conquête du tombeau du
divin fondateur de sa religion. Si l'on trouve
encore chez les Russes quelques traces de prédes-
tinations, quelque lueur de fanatisme religieux,

si on y voit une obéissance aveugle, ils y ont plutôt l'effet de réglements d'ordre que de puissance
active ; ils laissent froids et sans passions ceux
sur lesquels ils agissent, ce n'est plus un mobile.

L'attachement aux institutions, l'amour de l'indépendance nationale, de la liberté politique,
doivent être maintenant les grands mobiles des
peuples pour repousser tout ce qui pourrait porter
atteinte à ces grands intérêts. C'est aux gouvernements à faire naître parmi les peuples ces grandes passions qui constituent la force morale des
nations. Mais on n'y parviendra qu'en associant
les intérêts particuliers à l'intérêt de l'état. C'est
ainsi que l'Angleterre a constitué son esprit national, sa force morale.

Dans les gouvernements despotiques, les peuples sont indifférents à l'état politique de la nation et à l'existence de celui qui commande. Que
leur importe que ce soit Alexandre ou Darius
quand ils ne sentent que la main qui les frappe ?
aussi rien n'est plus facile que la conquête de tels
pays, toutes les fois que l'on ne touche qu'aux intérêts du gouvernement, et non à ceux des individus.

Dans les républiques, au contraire, le peuple
entier prend part au gouvernement, et son existence constitue l'intérêt de tous ; la force morale
de la république se forme des passions de tous ses

membres, et les efforts les plus puissants viennent se briser contre ce concours de volontés fortes, d'élans patriotiques qui enlèvent l'esprit de la nation. Ce feu qui brûle dans le cœur de chaque individu s'étend, s'attise, et s'augmente encore dans la réunion de tous; il fermente, et, comme un volcan, il vomit au dehors le produit de son travail intérieur.

Mais l'unité de volonté, l'unité d'action, si essentiels à la guerre, sont des éléments qui manquent aux républiques. La lenteur des délibérations qui doivent y précéder tout projet d'action, la timide responsabilité, la violabilité du secret lorsqu'il est partagé entre plusieurs, sont autant de désavantages inhérents aux républiques. L'on sent qu'il y manque cet être auquel se rattachent toutes les unités, ce pouvoir central qui dirige et vivifie toutes les parties. Prompt dans l'exécution, au-dessus de toute responsabilité, libre dans ses projets, puissant dans ses moyens, sûr de son secret, il a en main tous les fils qui font agir et dirigent les éléments de la force publique, et toute la puissance qui doit amener le succès de leur action.

L'on doit conclure de là qu'en plaçant dans les républiques cet élément constitutif, l'on obtiendra le meilleur gouvernement possible, celui qui met en action tous les intérêts particuliers au profit de l'intérêt national, et qui, par une volonté forte, prompte, unique, une puissance que rien n'arrête, peut tout ce qu'il veut pour le plus grand intérêt de tous.

Cet élément est la royauté héréditaire. La monarchie constitutionnelle est donc le gouvernement le plus parfait dont puissent jouir les hommes. Ce gouvernement qui commence à s'étendre en Europe, inconnu des anciens, ne fut pas, chez les modernes, le fruit d'une conception heureuse et instantanée de l'esprit humain, mais le résultat du mouvement lent des combinaisons et des vicissitudes humaines. On doit ranger au nombre de ses principaux avantages de conserver dans tout leur enthousiasme les vertus héroïques qui distinguent les républiques, et d'y ajouter l'unité de pouvoir qui les régle, les dirige, les met en action ; de recueillir les lumières de tous pour fonder la lumière législative, laquelle éclaire et dirige la puissance exécutrice dont l'action se fait avec cette force et cette promptitude que lui donne l'unité de pouvoir ; d'associer au gouvernement la nation entière, de l'y attacher comme on s'attache à son propre ouvrage, de donner à l'intérêt général toute la vivacité d'un intérêt particulier, de faire participer chaque individu à la gloire de la nation et de son chef; de remplir enfin d'une manière permanente la première place laissée vacante dans les républiques, et qui s'offre sans cesse à l'espoir des ambitieux, jusqu'à ce qu'elle devienne la proie du plus habile ou du plus heureux, après bien des agitations qui déchirent le sein de l'état, et où toutes les passions les plus honteuses ont été mises en action. Les dernières époques de l'histoire romaine nous offrent le continuel exemple de cette marche des événements, et ces temps modernes y ajoutent celui de notre propre histoire.

Mais la monarchie constitutionnelle, pour jouir de tous les avantages qui résultent de son essence, doit appeler le plus grand nombre d'individus à concourir au gouvernement de l'état, afin d'en répandre l'intérêt dans tous ; si cet intérêt est concentré et n'est senti que par un petit nombre, il laisse le reste froid, l'on se prive des bras pour favoriser la tête. La monarchie constitutionnelle démocratique, telle que la France l'a reçue de son roi législateur, réunit donc tous les éléments de force et d'action qui peuvent rendre le peuple heureux au-dedans, et l'état craint et respecté au-dehors.

Ne dénaturons point l'essence de notre gouvernement représentatif : elle est fondée 1° sur une

Chambre de Pairs héréditaires, dont la stabilité, la fixité des maximes, conservent les principes fondamentaux de la constitution législative et monarchique de l'état, ce qui doit y être permanent et inaltérable; elle doit, pour cela, être héréditaire et aussi fixe que les idées dont elle est la conservatrice. C'est dans la Chambre des Pairs que doit résider la vraie aristocratie, c'est-à-dire celle qui a l'hérédité pour principe; 2° sur une Chambre de Députés de la nation qui apporte dans la législation l'élément variable de l'intérêt, de l'opinion et de l'esprit de la nation, si mobiles et si différents selon les temps, les lieux et les événements. Cette Chambre doit être essentiellement démocratique. Si on la constituait en aristocratie, on la dénaturerait entièrement, elle manquerait le but de son institution, il n'y aurait plus de gouvernement représentatif. Un certain esprit de corps s'introduirait dans la Chambre; il n'y aurait de représentés que les intérêts et les opinions d'un petit nombre d'individus; elle ne serait plus nationale; rien n'apporterait dans la législation les variations inévitables du temps; la fixité serait dans le corps législatif, la variété serait dans la nation, et bientôt la législation ne serait plus en harmonie avec l'esprit de la nation. La création d'une aristocratie héréditaire hors de

la Chambre des Pairs est donc contraire au gouvernement représentatif, contraire à la Charte,
contraire à la volonté de son immortel auteur;
elle ouvrirait de nouvelles plaies dans l'état.

Jouissons donc, mais jouissons avec sagesse
des bienfaits de notre législation, méritons que
l'on nous donne dans toute sa plénitude ce gouvernement représentatif qui peut seul rendre les
peuples heureux, les nations riches, les souverains
puissants.

Rallions-nous autour de ce trône, qui est la
clef de la voûte de notre ordre social, autour de
cette Charte qui en est le régime réglémentaire.
Donnons-nous des institutions qui attachent la
nation à son roi et qui fassent puiser dans tous
les individus qui la composent, les éléments de
force que la nature y verse et dont le gouvernement constitue sa puissance. Soyons aussi attachés aux garanties du peuple qu'à la légitimité
de nos rois. Formons-nous sur de telles bases un
esprit public, et nous verrons encore en France
la force au-dehors et la prospérité au-dedans.

Je viens de dire que nous devons fonder notre
esprit public sur notre attachement à nos lois
constitutives, et par conséquent à la Charte, qui
est la loi générale de notre système législatif,
d'où toutes les autres découlent, comme les lois

particulières du monde physique découlent de la gravitation universelle qui en est la loi générale. Gardons-nous de toucher jamais à ce régulateur constant de notre marche législative, car si la Charte est sans cesse en danger, s'il est permis de porter sur elle une main innovatrice, d'y introduire ces changements dangereux que les partis présentent toujours comme utiles, parcequ'ils sont faits à leurs profits ; alors livrée à l'inconstance, au caprice des passions humaines, il n'y aura plus de marche assurée, plus de lois fixes, par conséquent plus d'habitudes politiques, plus de caractère national, plus d'esprit public, plus de liberté, et la nation tombera sous l'empire des passions mobiles d'un petit nombre d'individus. La Charte est l'ancre qui retient dans le port le vaisseau de l'état, l'épreuve en est faite ; gardons-nous de lui en substituer une autre qui le laisse échapper au milieu de nouvelles tempêtes. Jamais on ne persuadera à la nation, qu'à l'abri de la Charte royale une conspiration se forme contre le trône. Des crimes isolés peuvent exister, le temps n'a pas encore purgé la France des monstres qui l'ont ensanglantée ; mais une conspiration qui compromettrait l'existence de l'ordre actuel, ne pourrait avoir d'action sans la nation entière ; or une nation ne s'agite que pour ses intérêts, et la France trouve tous les siens garantis par la Charte. Elle n'offre à son roi législateur que des accents d'amour et de reconnaissance. Elle sait ce qu'elle doit à la troisième race de ses rois, qui, toujours défendant les droits du peuple contre une noblesse à priviléges, ambitieuse et turbulente, qui opprimait le peuple et combattait souvent ses rois, a su la tirer du honteux esclavage sous lequel elle a gémi si long-temps. Mais c'est sur Louis XVIII qu'elle reporte toute la reconnaissance due à ses ancêtres, comme ayant terminé l'affranchissement de la nation, garanti les droits qu'elle s'est acquis par trente années d'illustration et de malheurs, assis la liberté nationale sur le trône de la légitimité, et fait de cette heureuse alliance la garantie de l'une et la force de l'autre. Malheur à quiconque ravirait au roi tant de titres à l'amour de son peuple et à la reconnaissance de la postérité.

La nation a su apprécier tous les bienfaits qu'elle tient de son roi, et l'esprit public a gagné beaucoup en France en faveur des Bourbons ; je n'en veux en preuve que la consternation universelle répandue dans toute la France à la nouvelle de l'horrible attentat commis sur la personne de son altesse royale monseigneur le duc de Berry. Une douleur profonde s'est emparée de tous les esprits; elle a été également sentie par tous les partis, à l'exception, peut-être, de ces hommes isolés dans la nation, semblables à ces bêtes féroces que le sang qu'elles ont versé rend plus avides encore de celui qui reste. La marche constitutionnelle prise par le roi a persuadé à la nation qu'elle peut être heureuse sous le gouvernement des Bourbons. Leur trône est assuré, la légitimité est garantie. La querelle n'est plus du peuple contre le trône, la Charte l'a terminée. Elle est le pacte de réconciliation, elle n'existe qu'entre deux partis, tous deux également amis du trône, mais qui diffèrent dans leurs opinions sur le système constitutif de la monarchie le plus avantageux au trône et à la nation. Cette dissidence produit bien une légère agitation au pied du trône, mais elle n'en attaque aucune des bases. Il peut voir la tourmente à ses pieds; et fort de sa masse, tant qu'il s'appuiera sur les vrais intérêts de la nation, il garantira par son poids la monarchie de tout ébranlement. Les Français, aujourd'hui divisés, non sur la chose, mais sur le mode, sauront, j'aime à le croire, au jour du danger, au moment où les éternels ennemis de notre prospérité et de notre grandeur voudront anéantir l'une et rabaisser l'autre, sauront, dis-je, abjurer leurs querelles. Tout Français alors se montrera tel, et un même sentiment, une même impulsion, viendront placer chacun d'eux sous les drapeaux de son roi et de l'indépendance de la nation.

FIN.

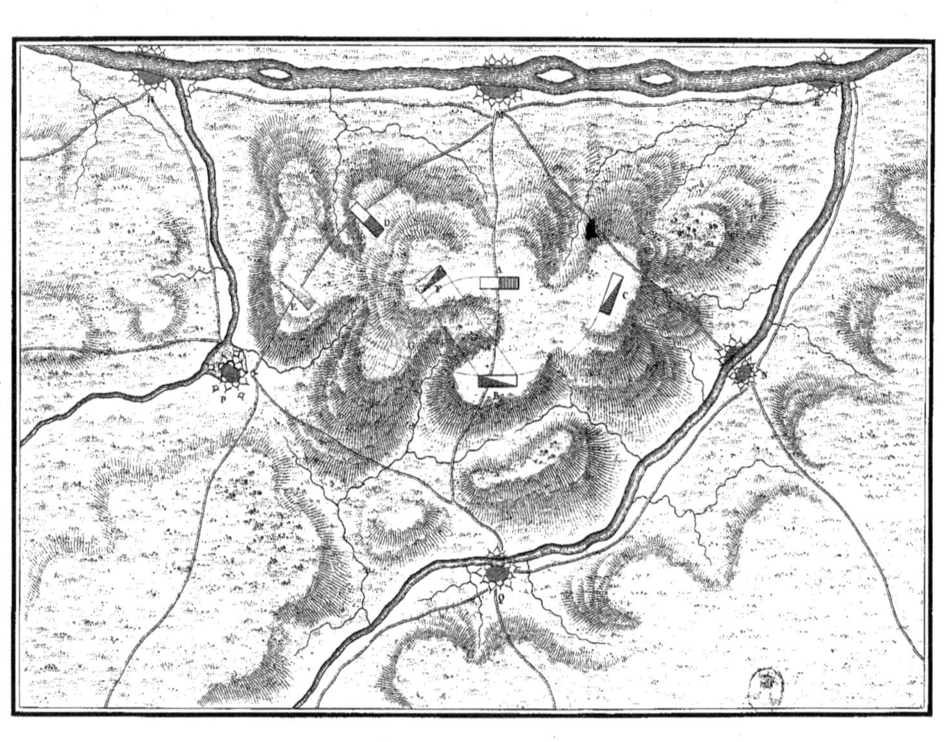

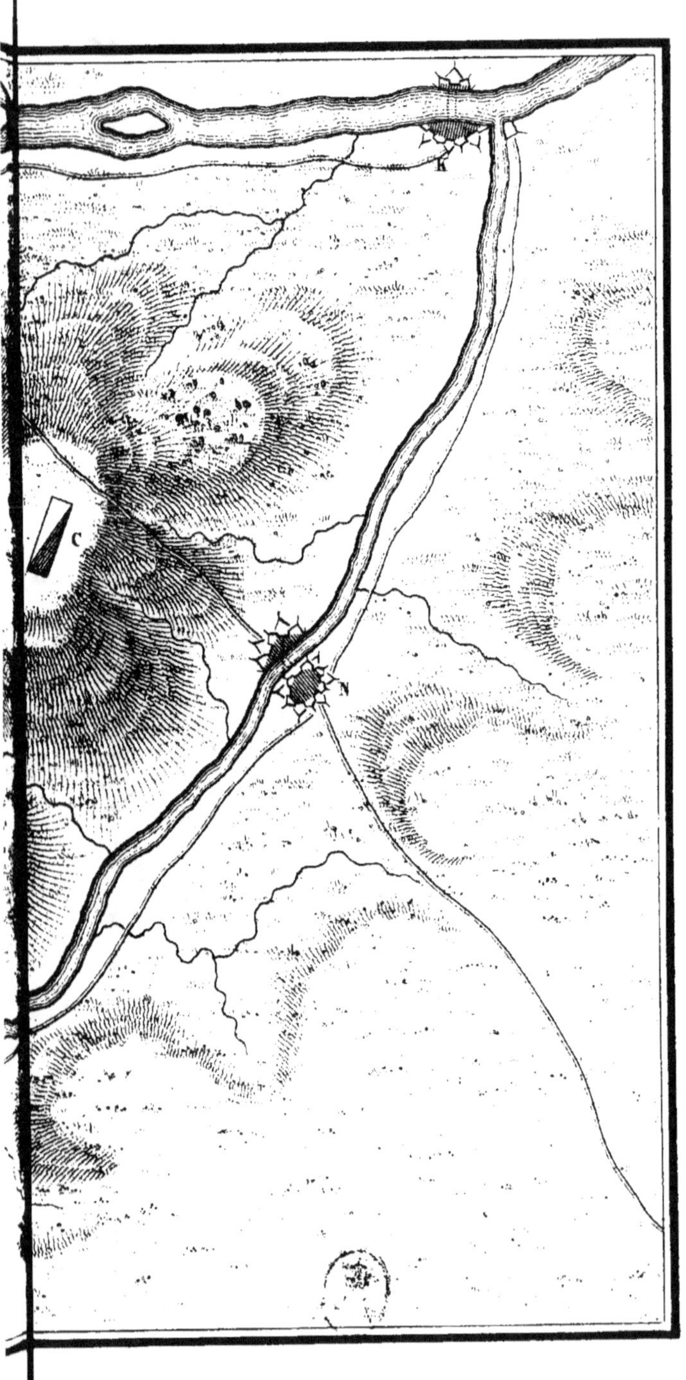

K
C
N